Małgorzata Janson

Hybride Funkkanalmodellierung für ultrabreitbandige MIMO-Systeme

Karlsruher Forschungsberichte
aus dem Institut für Hochfrequenztechnik und Elektronik

Herausgeber: Prof. Dr.-Ing. Thomas Zwick

Band 63

Hybride Funkkanalmodellierung für ultrabreitbandige MIMO-Systeme

von
Małgorzata Janson

Dissertation, Karlsruher Institut für Technologie
Fakultät für Elektrotechnik und Informationstechnik, 2010

Impressum

Karlsruher Institut für Technologie (KIT)
KIT Scientific Publishing
Straße am Forum 2
D-76131 Karlsruhe
www.ksp.kit.edu

KIT – Universität des Landes Baden-Württemberg und nationales
Forschungszentrum in der Helmholtz-Gemeinschaft

KIT Scientific Publishing 2011
Print on Demand

ISSN: 1868-4696
ISBN: 978-3-86644-639-7

Vorwort des Herausgebers

Funktechniken sind ein wesentlicher Bestandteil unseres modernen Lebens geworden. Dazu gehören mobile Datenübertragungssysteme, aber in zunehmendem Maße auch Lokalisierungsverfahren, bildgebende Verfahren, Sensorik und seit jüngster Zeit sogar medizinische Anwendungen. Im Bereich der mobilen Kommunikation führte die permanent steigende Nachfrage nach höheren Datenraten vor einigen Jahren zu zwei neuen Technologien, deren Kombination seit kurzem auch Gegenstand aktueller Forschungen ist. In der Ultrabreitband-Technik (UWB) werden die Sendesignale über eine sehr große Bandbreite gespreizt, was zu einer sehr geringen spektralen Leistungsdichte und damit einem sehr geringen Störpotential für andere Funkdienste führt. Die vor kurzer Zeit in vielen Zonen der Erde freigegebenen Frequenzbänder ebnen den Weg für zukünftige kommerzielle UWB-Systeme. Unter MIMO (Multiple-Input-Multiple-Output) versteht man Systeme aus jeweils mehreren Sende- und Empfangsantennen. Durch Übertragung mehrerer unabhängiger Datenströme auf sogenannten Subkanälen kann die Kanalkapazität insbesondere in Mehrwegefunkkanälen gesteigert werden. Ausschlaggebend für maximale Kanalkapazität eines MIMO-Systems sind optimale Antennen-konfigurationen an Sender und Empfänger. Da MIMO allerdings die Mehrwegeeigenschaften des Funkkanals nutzt, wird für eine simulationsbasierte Optimierung der Antennenkonfigurationen ein hochgenaues Modell des Mehrwegefunkkanals benötigt. Im Bereich der bildgebenden Verfahren und der Sensorik besteht häufig noch die zusätzliche Anforderung an die Kanalmodellierung, dass innerhalb einer großen Umgebung kleine und meist inhomogene Objekte modelliert werden müssen. Bisher existieren keine Funkkanalmodelle, die alle folgenden Bedingungen erfüllen: Gültigkeit über komplette UWB-Bandbreite, gleichzeitige Modellierung großer Umgebungen und kleiner und inhomogener Objekte, antennenunabhängige Modellierung der Mehrwegeausbreitung sowie Erzeugung realistischer Funkkanäle für neue Umgebungstypen ohne aufwändige Messkampagnen. Hier setzt die Arbeit von Frau Dipl.-Ing. Malgorzata Janson an.

Die vorliegende Dissertation präsentiert ein neuartiges hybrides Verfahren zur Funkkanalmodellierung. Den Kern der Arbeit bildet die Verbindung eines deterministischen Ray-Tracing Verfahrens mit der Finite Differenzen Methode (FDTD, engl. Finite Difference Time Domain) sowie mit einem stochastischen Modell, das mit speziell dafür durchgeführten Messungen parametrisiert und verifiziert wurde.

Die Arbeit von Frau Janson stellt einen weiteren wichtigen Baustein im Forschungsfeld der Funkkanalmodellierung dar und wird im Bereich der MIMO-Systeme sicherlich weltweit Beachtung und Anwendung finden. Ich wünsche Frau Janson alles Gute für die Zukunft und weiterhin viel Erfolg bei ihrer Laufbahn.

Prof. Dr.-Ing. Thomas Zwick

- Institutsleiter -

**Forschungsberichte aus dem
Institut für Höchstfrequenztechnik und Elektronik (IHE)
der Universität Karlsruhe (TH) (ISSN 0942-2935)**

Herausgeber: Prof. Dr.-Ing. Dr. h.c. Dr.-Ing. E.h. Werner Wiesbeck

Band 1   Daniel Kähny
**Modellierung und meßtechnische Verifikation polarimetrischer,
mono- und bistatischer Radarsignaturen und deren Klassifizierung** (1992)

Band 2   Eberhardt Heidrich
**Theoretische und experimentelle Charakterisierung der polari-
metrischen Strahlungs- und Streueigenschaften von Antennen**
(1992)

Band 3   Thomas Kürner
**Charakterisierung digitaler Funksysteme mit einem breit-
bandigen Wellenausbreitungsmodell** (1993)

Band 4   Jürgen Kehrbeck
**Mikrowellen-Doppler-Sensor zur Geschwindigkeits- und Weg-
messung - System-Modellierung und Verifikation** (1993)

Band 5   Christian Bornkessel
**Analyse und Optimierung der elektrodynamischen Eigenschaften
von EMV-Absorberkammern durch numerische Feldberechnung**
(1994)

Band 6   Rainer Speck
**Hochempfindliche Impedanzmessungen an Supraleiter / Fest-
elektrolyt-Kontakten** (1994)

Band 7   Edward Pillai
**Derivation of Equivalent Circuits for Multilayer PCB and Chip
Package Discontinuities Using Full Wave Models** (1995)

Band 8   Dieter J. Cichon
**Strahlenoptische Modellierung der Wellenausbreitung in urbanen
Mikro- und Pikofunkzellen** (1994)

Band 9   Gerd Gottwald
**Numerische Analyse konformer Streifenleitungsantennen in
mehrlagigen Zylindern mittels der Spektralbereichsmethode**
(1995)

Forschungsberichte aus dem
Institut für Höchstfrequenztechnik und Elektronik (IHE)
der Universität Karlsruhe (TH) (ISSN 0942-2935)

Forschungsberichte aus dem
Institut für Höchstfrequenztechnik und Elektronik (IHE)
der Universität Karlsruhe (TH) (ISSN 0942-2935)

Band 20 Frederik Küchen
Auf Wellenausbreitungsmodellen basierende Planung terrestrischer COFDM-Gleichwellennetze für den mobilen Empfang (1998)

Band 21 Klaus Schmitt
Dreidimensionale, interferometrische Radarverfahren im Nahbereich und ihre meßtechnische Verifikation (1998)

Band 22 Frederik Küchen, Torsten C. Becker, Werner Wiesbeck
Grundlagen und Anwendungen von Planungswerkzeugen für den digitalen terrestrischen Rundfunk (1999)

Band 23 Thomas Zwick
Die Modellierung von richtungsaufgelösten Mehrwegegebäudefunkkanälen durch markierte Poisson-Prozesse (2000)

Band 24 Dirk Didascalou
Ray-Optical Wave Propagation Modelling in Arbitrarily Shaped Tunnels (2000)

Band 25 Hans Rudolf
Increase of Information by Polarimetric Radar Systems (2000)

Band 26 Martin Döttling
Strahlenoptisches Wellenausbreitungsmodell und Systemstudien für den Satellitenmobilfunk (2000)

Band 27 Jens Haala
Analyse von Mikrowellenheizprozessen mittels selbstkonsistenter finiter Integrationsverfahren (2000)

Band 28 Eberhard Gschwendtner
Breitbandige Multifunktionsantennen für den konformen Einbau in Kraftfahrzeuge (2001)

Band 29 Dietmar Löffler
Breitbandige, zylinderkonforme Streifenleitungsantennen für den Einsatz in Kommunikation und Sensorik (2001)

Band 30 Xuemin Huang
Automatic Cell Planning for Mobile Network Design: Optimization Models and Algorithms (2001)

Forschungsberichte aus dem
Institut für Höchstfrequenztechnik und Elektronik (IHE)
der Universität Karlsruhe (TH) (ISSN 0942-2935)

Forschungsberichte aus dem
Institut für Höchstfrequenztechnik und Elektronik (IHE)
der Universität Karlsruhe (TH) (ISSN 0942-2935)

Forschungsberichte aus dem
Institut für Höchstfrequenztechnik und Elektronik (IHE)
der Universität Karlsruhe (TH) (ISSN 0942-2935)

Fortführung als
"Karlsruher Forschungsberichte aus dem Institut für Hochfrequenztechnik und Elektronik" bei KIT Scientific Publishing
(ISSN 1868-4696)

Karlsruher Forschungsberichte aus dem
Institut für Hochfrequenztechnik und Elektronik
(ISSN 1868-4696)

Herausgeber: Prof. Dr.-Ing. Thomas Zwick

Die Bände sind unter www.ksp.kit.edu als PDF frei verfügbar oder als
Druckausgabe bestellbar.

**Karlsruher Forschungsberichte aus dem
Institut für Hochfrequenztechnik und Elektronik
(ISSN 1868-4696)**

Band 61   Adamiuk, Grzegorz
**Methoden zur Realisierung von dual-orthogonal, linear
polarisierten Antennen für die UWB-Technik** (2010)
ISBN 978-3-86644-573-4

Band 62   Kühn, Jutta
**AlGaN/GaN-HEMT Power Amplifiers with Optimized Power-Added
Efficiency for X-Band Applications** (2011)
ISBN 978-3-86644-615-1

Band 63   Janson, Małgorzata
**Hybride Funkkanalmodellierung für ultrabreitbandige MIMO-
Systeme** (2011)
ISBN 978-3-86644-639-7

Hybride Funkkanalmodellierung für ultrabreitbandige MIMO-Systeme

Zur Erlangung des akademischen Grades eines

DOKTOR-INGENIEURS

der Fakultät für
Elektrotechnik und Informationstechnik,
am Karlsruher Institut für Technologie (KIT)

genehmigte

DISSERTATION

von

Dipl.-Ing. Małgorzata Janson

aus Gdynia, Polen

<table>
<tr><td>Tag der mündlichen Prüfung:</td><td>22. Dezember 2010</td></tr>
<tr><td>Hauptreferent:</td><td>Prof. Dr.-Ing. Thomas Zwick</td></tr>
<tr><td>Korreferent:</td><td>Prof. Dr.-Ing. habil. Reiner S. Thomä</td></tr>
</table>

Vorwort

Die vorliegende Dissertation entstand während meiner Tätigkeit als wissenschaftliche Mitarbeiterin am Institut für Hochfrequenztechnik und Elektronik des Karlsruher Instituts für Technologie.

Für die Unterstützung bei den Forschungsarbeiten, die wertvollen Anregungen und für die Übernahme des Hauptreferats gilt mein besonderer Dank Herrn Prof. Dr.-Ing. Thomas Zwick. Nicht minder herzlich bedanken möchte ich mich bei Herrn Prof. Dr.-Ing. Dr. h.c. Dr.-Ing. E.h. Werner Wiesbeck für seinen wohlwollenden Beistand und die vielen konstruktiven Beiträge. Ebenso danke ich Herrn Prof. Dr.-Ing. habil. Reiner Thomä für die Übername des Korreferats sowie für die nun über vierjährige angenehme Zusammenarbeit am gemeinsamen DFG-Forschungsvorhaben, auf dessen Basis ein Großteil dieser Arbeit entstanden ist. Darüber hinaus bedanke ich mich sehr bei den Herren Dr.-Ing. Thomas Fügen, Dr.-Ing. Juan Pontes, Dipl.-Ing Thorsten Kayser und Dipl.-Ing. Christian Sturm für viele hilfreiche Diskussionen und für die sorgfältige Durchsicht meines Manuskripts.

Die einzigartige Atmosphäre am Institut und die große gegenseitige Unterstützung aller Mitarbeiter haben wesentlich zum Gelingen der Arbeit beigetragen. Besonders herzlich möchte ich mich bei allen meinen jetzigen und ehemaligen Zimmerkollegen sowie den Mitgliedern des UWB-Teams für großartige Zusammenarbeit und wertvolle fachliche Diskussionen bedanken. Nicht vergessen will ich hier auch alle Studierenden, die im Rahmen von Studien-, Diplomarbeiten oder als wissenschaftliche Hilfskräfte an der Aufgabenstellung mitgearbeitet haben.

Ein Dankeschön geht auch an meine Projektpartner an der Technischen Universität Ilmenau, der Universität Dusiburg-Essen und der Friedrich-Alexander-Universität Erlangen-Nürnberg für die sehr freundschaftliche und produktive Zusammenarbeit. Insbesondere bin ich Herrn Dipl.-Ing. Rahmi Salman, der die Objekterkennungs-Simulationen für diese Arbeit bereitgestellt hat, sehr verbunden.

Nicht zuletzt geht mein herzlicher Dank an meine Familie und meinen Ehemann Michael, die mir auf meinem Weg stets zur Seite standen.

Karlsruhe, im April 2011

Małgorzata Janson

Inhaltsverzeichnis

Abkürzungs- und Symbolverzeichnis

Abkürzungen

ABC	absorbierende Randbedingungen, engl. *Absorbing Boundary Condition*
AFD	mittlere Schwunddauer engl. *Average Fade Duration*
AGC	*Automatic Gain Control*
BER	Bitfehlerrate, engl. *Bit Error Rate*
BPSK	*Binary Phase Shift Keying*
CDF	kumulative Wahrscheinlichkeitsverteilung, engl. *Cumulative Distribution Function*
CP	zyklisches Präfix, engl. *Cyclic Prefix*
CPML	*Convolutional Perfectly Matched Layer*
DFT	diskrete Fouriertransform
DSSS	*Direct Sequence Spread Spectrum*
EIRP	*Effective Isotropic Radiated Power*
ESPRIT	*Estimation of Signal Parameters via Rotational Invariance Techniques*
FCC	*Federal Communications Commission*
FDTD	Finite Differenzen Methode, engl. *Finte Difference Time Domain*
FEM	Finite-Elemente-Methode, engl. *Finite Element Method*
FFT	schnelle Fourier-Transformation, engl. *Fast Fourier Transform*
FIT	Finite Integrationstechnik, engl. Finite Integration Technique
GI	Schutzintervall, engl. *Guard Intervall*
GPS	engl. *Global Positioning System*
GO	geometrische Optik, engl. *Geometrical Optics*
HDTV	*High Definition Television*
IBST	*Inverse Boundary Scattering Transform*
IDFT	inverse Diskrete Fourier-Transformation, engl. *Inverse Discrete Fourier Transform*
IEEE	*Institute of Electrical and Electronics Engineers*
IFFT	inverse schnelle Fourier-Transformation, engl. *Inverse Fast Fourier Transform*
IHE	Institut für Hochfrequenztechnik und Elektronik

IL	Implementierungsverlust, engl. *Implementation Loss*
ISM	Frequenzband für industrielle, wissenschaftliche und medizinische Anwendungen, engl. *Industrial, Scientific and Medical Band*
LCR	Pegelunterschreitungsrate engl. *Level Crossing Rate*
LNA	rauscharmer Verstärker, engl. *Low Noise Amplifier*
MAC	*Medium Acces Control Layer*
MB-OFDM	*Multiband Orthogonal Frequency Division Multiplexing*
MIMO	*Multiple Input Multiple Output*
ML	*Maximum Likelihood*
MoM	Momentenmethode, engl. *Method of Moments*
MRC	*Maximum Ratio Combining*
MUSIC	*Multiple Signal Classification Technique*
NDF	Anzahl der Freiheitsgrade, engl. *Number of Degrees of Freedom*
OFDM	*Orthogonal Frequency Division Multiplexing*
OSLT	*Open Short Load Through*
PAM	*Pulse Amplitude Modulation*
PDP	Leistungsverzögerungsspektrum, engl. *Power Delay Profile*
PML	*Perfectly Matched Layer*
PN	Pseudo-Rausch Folge, engl. *Pseudo-Noise*
PPM	*Pulse Position Modulation*
PSM	*Pulse Shape Modulation*
QPSK	Quadraturphasenumtastung, engl. *Quadrature Phase Shift Keying*
RT	Ray-Tracing
RT/FDTD	hybrides Ray-Tracing/FDTD Modell
Rx	Empfänger, engl. *Receiver*
SAGE	*Space-Alternating Generalized Expectation-Maximization*
SNR	Signal-zu-Rauschverhältnis, engl. *Signal to Noise Ratio*
Tx	Sender, engl. *Transmitter*
V-BLAST	*Vertical Bell Labs Space-Time Architecture*
VNWA	vektorieller Netzwerkanalysator
WPAN	*Wireless Personal Area Network*
USB	*Universal Serial Bus*
UTD	*Uniform Geometrical Theory of Diffraction*
UWB	Ultrabreitband, engl. *Ultra-Wideband*
ZF	*Zero-Forcing*

Konstanten

c_0	Lichtgeschwindigkeit im Vakuum: 299792458 m/s
ε_0	Permittivität des Vakuums: $8,85419 \cdot 10^{-12}$ A s / V m
k	Boltzmannkonstante: $1,38065 \cdot 10^{-23}$
μ_0	Permeabilität des Vakuums: $4\pi \cdot 10^{-7}$ V s / A m
π	Kreiszahl: 3,14159...
Z_0	Freiraumwellenwiderstand: $376,730...\,\Omega$

Lateinische Symbole

a_{scat}	Amplitudenfaktor für kurze Laufzeiten
$\underline{A}_{\mathrm{n}}$	Übertragungskoeffizienten des Pfades n
$\vec{\underline{A}}$	magnetisches Vektorpotenzial
B	Bandbreite
B_{coh}	Kohärenzbandbreite
C	Kanalkapazität
$\underline{C}_{\mathrm{T/R}}$	Richtcharaktristik einer Antenne
d	Distanz, Abstand
D_{F}	Funkfelddämpfung
$\mathbf{D}$	Diagonalmatrix der Singulärwertzerlegung
$\underline{E}, \vec{\underline{E}}$	elektrische Feldstärke
f	Frequenz
f_0	Träger-/Mitenfrequenz
Δf	Frequenzabstand
$\vec{\underline{F}}$	elektrisches Vektorpotenzial
F_{abs}	absoluter Fehler
F_{rel}	relativer Fehler
$g(t)$	Gaußfunktion im Zeitbereich
$\underline{G}(f)$	Gaußfunktion im Frequenzbereich
$G_{\mathrm{R/T}}$	Gewinn einer Antenne
$\underline{h}(\tau, t)$	zeitvariante Kanalimpulsantwort
$\underline{h}^{\mathrm{TP}}(\tau, t)$	äquivalente Tiefpass-Kanalimpulsantwort
$\underline{h}_{\mathrm{F}}^{\mathrm{TP}}(\tau, t)$	äquivalente Tiefpass-Kanalimpulsantwort eines Filters
$\mathbf{H}$	MIMO-Übertragungsmatrix
$\underline{H}, \vec{\underline{H}}$	magnetische Feldstärke
$\underline{H}(f, t)$	zeitvariante Bandpass-Übertragungsfunktion
$\underline{H}^{\mathrm{TP}}(f, t)$	zeitvariante Tiefpasspass-Übertragungsfunktion

$\mathbf{I}$	Einheitsmatrix
$\vec{j}$	Stromdichte
$\vec{\underline{J}}_{\mathrm{S}}$	äquivalente elektrische Oberflächenstromdichte
k_0	Wellenzahl in Vakuum
$l(t)$	langsamer Schwund
$L_{\mathrm{T/R}}$	Länge des Sende- bzw. Empfangsarrays
M	Anzahl der Sendeantennen
$\vec{\underline{M}}_{\mathrm{S}}$	äquivalente magnetische Oberflächenstromdichte
$\vec{\underline{n}}$	komplexer Rauschvektor
$\hat{n}$	Flächennormalvektor
N	Anzahl der Empfangsantennen
N_{F}	Anzahl der Subbänder, Rauschzahl
N_{sc}	Anzahl der Subkanäle
N_{scat}	Anzahl der Punktstreuer
p_{k}	Leistung des k-ten Subkanals
p_{scat}	Amplitudenfaktor für langen Laufzeiten
P_{T}	Rauschleistung
$P(\tau, t)$	zeitvariantes Leistungsverzögerungsspektrum
P_{T}	Sendeleistung
$\underline{\mathbf{R}}_{xx}$	Sendekovarianzmatrix
$\underline{r}^{\mathrm{f}}_{\mathrm{HH}}(\Delta f, t)$	Frequenz-Autokorrelationsfunktion des Übertragungskanals
$\underline{r}^{\mathrm{t}}_{\mathrm{HH}}(f, \Delta t)$	zeitliche Autokorrelationsfunktion des Übertragungskanals
$\underline{r}^{\mathrm{x}}_{\mathrm{T/R,pq,HH}}(t, \Delta x)$	räumliche Autokorrelationsfunktion des Übertragungskanals
r_{scat}	Radius um den Reflexionspunkt
$s(t)$	schneller Schwund
$\underline{S}_{\mathrm{j,i}}$	Streukoeffizient
$\underline{S}_{21}$	Transmissionskoeffizient
$S_{\mathrm{HH}}(f_{\mathrm{D}})$	Doppler-Spektrum
t	Zeit
T	Dauer, Temperatur
T_{coh}	Kohärenzzeit
$\underline{\mathbf{T}}_{\mathrm{n}}(f, t)$	polarimetrische Pfadübertragungsmatrix des Pfades n
$\underline{U}_{\mathrm{T/R}}(f, t)$	frequenz- und zeitabhängige Leerlaufspannung am Eingang einer Sendeantenne bzw. Ausgang einer Empfangsantenne
$\underline{\mathbf{U}}$	linksseitige unitäre Matrix der Singulärvektoren
$\underline{\mathbf{V}}$	rechtsseitige unitäre Matrix der Singulärvektoren
W	Fensterbreite
$x, x(t)$	Eingangssignal

$\vec{\underline{x}}$	komplexer Sendevektor
$\underline{X}(f)$	Eingangsspektrum
$y, y(t)$	Ausgangssignal
$\vec{\underline{y}}$	komplexer Sendevektor
$\underline{Y}(f)$	Ausgangsspektrum
$\underline{Z}_{AR}$	Impedanz der Empfangsantenne
$\underline{Z}_{AT}$	Impedanz der Sendeantenne

Griechische Symbole

$\underline{\Gamma}$	Fresnel-Koeffizient
$\delta(\tau)$	Dirac-Stoß
δ_{scat}	Verzögerungsterm des deterministisch-stochastischen Kanalmodells
Δ	Abstand
ε	Permittivität
κ	Konduktivität
λ_k	Eigenwert des k-ten Subkanals
μ	Permeabilität
μ_{f_D}	Doppler-Verschiebung
μ_F	mittlere Abweichung des absoluten Fehlers
μ_τ	mittlere Verzögerungszeit
$\mu_{\psi,\theta_{T/R,pq}}$	mittlerer Winkel in Azimut bzw. Elevation
ψ	Azimutwinkel
ψ_{3dB}	Halbwertsbreite in Azimut
ρ	Signal-zu-Rauschverhältnis am Empfänger
σ	Radarquerschnitt engl. Radar Cross Section
σ^2	Rauschleistung
σ_{f_D}	Doppler-Verbreiterung
σ_F	Standardabweichung des absoluten Fehlers
$\sigma_{\psi,\theta_{T/R,pq}}$	Winkelspreizung in Azimut bzw. Elevation
σ_τ	Impulsverbreiterung
τ	Verzögerung
τ_n	Verzögerung des Pfades n
φ	Phase
θ	Elevationswinkel
θ_{3dB}	Halbwertsbreite in Elevation
$\Omega_{T/R}$	Sende- bzw. Empfangswinkel

Operatoren und mathematische Symbole

$\in$	ist Element von
$\cap$	Schnittmenge
$\cup$	Vereinigungsmenge
a	skalare Größe
$\underline{a}$	komplexe Größe
$\hat{a}$	Einheitsvektor, geschätzte Größe
$\vec{a}$	Vektor
$\mathbf{A}$	Matrix
$\mathbf{A}^{\mathrm{T}}$	transponierte Matrix
$\underline{\mathbf{A}}^{\dagger}$	transponierte und konjugierte komplexe Matrix
$\mathbf{A}^{-1}$	Inverse der Matrix
$\mathrm{argmax}(\cdot)$	Argument des Maximums
$\mathrm{argmin}(\cdot)$	Argument des Minimums
$\det(\cdot)$	Determinante einer Matrix
$E\{\cdot\}$	Erwartungswert
$\min(\cdot)$	Minimum
$\max(\cdot)$	Maximum
∇	Rotationsoperator
∂	partielle Ableitung
$\mathrm{tr}(\cdot)$	Spur einer Matrix, engl. *Trace*
$\circ\!\!-\!\!\bullet$	Fouriertransformation

Oft verwendete Hoch- und Tiefindizes

abs	absolute Größe
h	horizontal
inc	Kennzeichnung des einfallenden Feldes bzw. der Einfallsrichtung
i, j	parallele bzw. senkrechte Polarisation bei Reflexions- und Streurechnung
i, j, k	Kennzeichnung der Position im FDTD Gitter
rel	relative Größe
R	Empfänger, engl. *Receiver*
scat	Kennzeichnung des gestreuten Feldes bzw. des Beobachtungswinkel beim gestreuten Feld; Kennzeichnung der Parameter des deterministische-stochastisches Kanalmodells
tot	Kennzeichnung des Gesamtfeldes

T	Sender, engl. *Transmitter*
TP	äquivalente Tiefpass-Beschreibungsgröße
v	vertikal
x, y, z	Kennzeichnung der Richtung im karthesischen Koordinatensystem
θ, ψ, r	Kennzeichnung der Richtung im spärischen Koordinatensystem

1 Einleitung

1.1 Motivation und Umfeld der Arbeit

Die Verbreitung von Funksystemen ist in den letzten Jahren enorm gestiegen. Nicht nur Kommunikationssysteme sind aus dem Alltag nicht mehr wegzudenken. Radarsysteme wurden früher hauptsächlich in der Luft- und Schifffahrtstechnik eingesetzt. Heute sind sie jedoch so kostengünstig und kompakt, dass sie auch in Autos Verwendung finden, um den Fahrer zu unterstützen. Auch Lokalisierungssysteme erlebten vor allem dank des GPS (engl. *Global Positioning System*) einen enormen Aufschwung. Mit der zunehmender Anzahl an Nutzern solcher Funktechniken steigen jedoch auch die an sie gestellten Anforderungen.

Dies ist besonders im Bereich der Kommunikationssysteme sichtbar. Immer größere Mengen an Daten sollen schnell an verschiedene Geräte geliefert werden. Gleichzeitig wird immer mehr Mobilität verlangt, wodurch die drahtlose Übertragung stetig an Bedeutung gewinnt. Ein Beispiel hierzu ist das digitale hochauflösende Fernsehen (HDTV, *High Definition Television*) mit dem neuen Medium Blu-Ray. Im Moment können hochauflösende Videos aufgrund ihrer hohen Datenraten nur über Kabel übertragen werden. Konventionelle drahtlose Techniken stoßen hier an ihre Grenzen. Da der Alltag jedoch immer mehr vom Informationsfluss abhängt, ist zu erwarten, dass die vom Nutzer geforderten Datenraten auch in Zukunft steigen werden. Und es ist abzusehen, dass die Übertragung dieser hohen Datenraten auch drahtlos möglich sein soll.

Gleichzeitig ist das zur Verfügung stehende Frequenzspektrum immer noch stark begrenzt. Die kommerziellen Anwendungen müssen meistens in den lizenzfreien ISM-Bändern untergebracht werden. Deshalb ist die im Jahr 2002 verabschiedete Regelung der US-Amerikanischen FCC für ultrabreitbandige Systeme (UWB, engl. *ultra-wideband*) [FCC02] auf reges Interesse in Wissenschaft und Industrie gestoßen. Diese Regelung ermöglicht eine lizenzfreie Nutzung des Frequenzbandes zwischen 3,1 und 10,6 GHz. Allerdings ist die zulässige Sendeleistung stark begrenzt, wodurch auch die erreichbaren Datenraten und die Reichweite der Systeme beschränkt sind. Ein anderer Ansatz, der momentan z.B. im Mobilfunk angewendet wird, ist die Verwendung von mehreren Antennen auf Sende- und Empfangsseite (MIMO, engl. *multiple input multiple output*). Dadurch ist es möglich, die räumliche Diversität des Kanals auszunutzen und die spektrale Effizienz des Systems zu erhöhen [PNG03, TV05].

Weder UWB noch MIMO ist alleine ausreichend, um die Anforderungen der heutigen Unterhaltungssysteme vollständig zu erfüllen. Darum wird immer häufiger darüber nachgedacht, die beiden Techniken zu kombinieren, um so die geforderten extrem hohe Datenraten übertragen zu können [TS06, KZD09, EH09, Kle09, KZ10, Mol10].

Auch Radar- und Lokalisierungssysteme erleben seit der Einführung der UWB-Regulierung zunehmende Aufmerksamkeit. Mit Radar kann wegen der großen Bandbreite eine sehr hohe Auflösung erreicht werden. Lokalisierungssysteme profitieren von genauer Signallaufzeitbestimmung, die durch den Einsatz von sehr kurzen Pulsen möglich wird.

Für das schnelle und kostengünstige Design aller Funksysteme muss das Testen und Optimieren der verwendeten Algorithmen und Frontends anhand von rechnerbasierten Simulationen möglich sein. Da das Verhalten des Funkkanals für die Leistungsfähigkeit solcher Systeme maßgebend ist, muss der Einfluss des Kanals so gut wie möglich in den Simulationen berücksichtigt werden. Dafür sind genaue Kanalmodelle notwendig. Sowohl bei MIMO-Kommunikationssystemen als auch bei Radar- und Lokalisierungssystemen soll das Kanalmodell sowohl die Dämpfung und die Frequenzabhängigkeit des Kanals nachbilden als auch die dazugehörigen Richtungseigenschaften und das Polarisationsverhalten.

Die Anzahl der Kanalmodelle für das Design von UWB-Systemen ist aufgrund der Neuartigkeit der Technologie stark begrenzt. Die in der Literatur beschriebenen Kanalmodelle werden im nächsten Absatz kurz vorgestellt.

1.2 Stand der Technik

Das mit Abstand populärste Kanalmodell für hochratige UWB-Systeme ist das von der IEEE 802.15.3a Standarisierungsgruppe vorgeschlagene statistische Kanalmodell [IEE03]. Dieses Modell basiert auf dem Saleh-Valenzuela Ansatz für breitbandige Kanäle [SV87]. Es wird dabei angenommen, dass die einzelnen Ausbreitungspfade in Gruppen (sog. Cluster) am Empfänger ankommen. Die Ankunftszeiten und Amplituden der einzelnen Pfade werden anhand von statistischen Verteilungen generiert. Die Modellparameter wurden anhand von mehreren Messkampagnen bestimmt und sind für die wichtigsten Anwendungsszenarien wie Wohnräume und Büroräume definiert. Dabei werden Entfernungen von bis zu 20 m berücksichtigt. Der Nachteil dieses Modells ist, dass es keine Richtungseigenschaften des Kanals berücksichtigt. Damit ist es für Simulationen von MIMO-, Radar- und Lokalisierungssystemen nicht geeignet.

Ein weiterer für UWB-Kanäle geeigneter Modellierungsansatz basiert auf den Vollwellenmethoden, welche die Maxwell'schen Gleichungen numerisch lösen. Für die Vollwellensimulationen ist ein genaues Modell der Umgebung einschließlich der Materialparameter notwendig. Die Vollwellenansätze liefern die genauesten Ergebnisse, sind aber extrem rechenintensiv. Eine dreidimensionale Simulation eines typischen Indoor-Szenarios ist beim heutigen Stand der Technik immer noch problematisch.

Eine weitere Klasse der deterministischen Verfahren basiert auf der Strahlenoptik (engl. *ray tracing*). Es wird dabei angenommen, dass für ausreichend hohe Frequenzen die Ausbreitungseffekte wie Reflexion oder Beugung den aus der Optik bekannten Gesetzen für Lichtausbreitung unterliegen. Dadurch ist es möglich, in einem definierten Szenario die Strahlenwege geometrisch zu bestimmen und anschließend die Amplituden und Phasenänderungen in jedem Interaktionspunkt zu berechnen. Genauso wie bei den Vollwellenmethoden müssen hier die genauen Informationen über das Szenario vorliegen. Die strahlenoptischen Verfahren haben wesentlich geringere Rechenzeiten als die Vollwellenansätze, was allerdings durch eine geringere Genauigkeit erkauft wird.

Da mit dem Ray-Tracing Verfahren die Eigenschaften jedes einzelnen Ausbreitungspfads einschließlich seiner Ausfalls- und Einfallsrichtung bestimmt werden können, ist es sehr gut zur Simulation von MIMO Kanälen geeignet. Deshalb ist das Ray-Tracing Verfahren als Kanalmodell für schmalbandige Systeme mittlerweile sehr verbreitet. Es wurde auch mit zahlreichen schmal- und breitbandigen Outdoor-Messungen verifiziert [Mau05, DEFVF07, Füg09]. Der Vergleich zeigt, dass die mit Ray-Tracing simulierten Kanäle die gemessenen Kanaleigenschaften sehr gut widerspiegeln können. Voraussetzung ist jedoch, dass diffuse Streukomponenten berücksichtigt werden. Diese Komponenten entstehen beim Einfall der elektromagnetischen Wellen an rauen oder unregelmäßigen Oberflächen. Die diffusen Pfade werden inkohärent zu den reflektierten und gebeugten Pfaden addiert, wodurch die einzelnen Pfade für den Empfänger nicht auflösbar sind [RSK06].

In Indoor-Szenarien ist die Qualität der Kanalberechnung typischerweise etwas schlechter [RHW07, PKF07, LRAT08]. Besonders im UWB-Frequenzband beinhalten die gemessenen Kanäle im Vergleich zu den simulierten wesentlich mehr Mehrwegebeiträge [JEPK06, PKW07, Nas08] welche bei der Simulation i.d.R. vernachlässigt werden. Der einzige Versuch diese fehlenden Beiträge in die UWB-Simulation einzubringen, wird in [LG07] beschrieben. Diese Methode verbessert zwar die Übereinstimmung der gemessenen und simulierten Kanalparameter, bildet aber die Kanalimpulsantwort nicht korrekt nach. Weiterhin wurde das Modell bisher nicht für MIMO-Systeme validiert.

1.3 Aufgabenstellung und Lösungsansatz

Aus der vorigen Diskussion folgt, dass für das Design von zukünftigen UWB-Systemen ein neues, genaueres Kanalmodell benötigt wird. Das Ziel der vorliegenden Arbeit ist es, ein solches Kanalmodell zu entwickeln. Das Modell soll bei möglichst geringer Rechenzeit sowohl die Freuquenzabhängigkeit als auch die Richtungsselektivität des Kanals realitätsnah widerspiegeln. Es ist auch wichtig, dass es die Geometrie des Szenarios berücksichtigt, sodass es für Simulationen von Radar- und Lokalisierungssystemen angewendet werden kann. Weiterhin spielt besonders bei Simulationen von Kommunikationssystemen eine richtige Wiedergabe der Statistik der Kanalkenngrößen sowie die Reproduzierbarkeit der Ergebnisse eine Rolle.

Um diese Ziele zu erreichen, muss von einem deterministischen Kanalmodell ausgegangen werden. Wegen der geringen Rechenzeiten wird hier das Ray-Tracing Modell als Ausgangspunkt gewählt. Um die Fehler dieses Modells in den betrachteten Szenarien zu quantifizieren, werden im ersten Schritt umfassende Funkkanalmessungen in mehreren Szenarien durchgeführt und mit den Simulationen verglichen. Um die Richtungseigenschaften der Ausbreitungspfade zu bestimmen, wird das Sensor-CLEAN Schätzverfahren implementiert, welches die Berechnung von Einfallswinkeln anhand von Empfangssignalen an mehreren Antennenpositionen ermöglicht. Zur Überprüfung der Genauigkeit der Schätzung, wird dieses Verfahren anhand von Simulationen validiert.

Anschließend werden zwei hybride Modellierungsansätze zur Verbesserung der Simulationsgenauigkeit vorgestellt:

- ein vollständig deterministisches hybrides Modell, welches das Ray-Tracing mit einem Vollwellenansatz kombiniert. Dabei werden die Fernfeld-Streukoeffizienten eines Objekts mit der Finiten Differenzen Methode (FDTD, engl. Finite Difference Time Domain) berechnet und in eine Ray-Tracing Berechnung integriert. Dadurch kann eine bessere Genauigkeit bei kleinen und komplexen Strukturen erreicht werden.

- ein hybrides deterministisch-stochastisches Modell, in dem ein einfacher stochastisch-geometrischer Ansatz verwendet wird, um den diffusen Anteil nachzubilden. Die Parameter des stochastisch-geometrischen Modells werden anhand von richtungsaufgelösten Messungen ermittelt. Die Überlagerung der diffusen Streubeiträge mit der deterministischen Ray-Tracing Simulation resultiert in realitätsnahen, geometriegebundenen Kanalimpulsantworten und Kanalkenngrößen.

Diese beiden Ansätze können je nach Anwendung einzeln oder zusammen verwendet werden. Für die Radarsysteme spielt die Genauigkeit der Simulation des von kleinen Objekten gestreuten Feldes eine wesentlich wichtigere Rolle, als bei Kommunikationssystemen. Für diesen Fall ist das hybride Ray-Tracing/FDTD Modell deshalb vorteilhaft. Der deterministisch-stochastische Ansatz modelliert dagegen das von kleinen Details gestreute Feld auf eine statistische Weise und hat das Ziel die Kanalkennfunktionen und Kanalkenngrößen möglichst realitätsnah nachzubilden.

1.4 Gliederung der Arbeit

Aus der im vorherigen Absatz beschriebenen Vorgehensweise ergibt sich die folgende Gliederung dieser Arbeit:

- Das folgende Kapitel ist den Grundlagen der UWB-Technik und deren Anwendungen gewidmet. Ferner gibt es einen genaueren Einblick in die bestehenden Kanalmodelle.

- Kapitel 3 beschäftigt sich mit der formellen mathematischen Beschreibung des Funkkanals und führt alle, in den weiteren Kapiteln genutzten Kanalkennfunktionen und Kanalkenngrößen ein.

- In Kapitel 4 werden die Methoden zur breitbandigen, richtungsaufgelösten Kanalmessung sowie das in dieser Arbeit genutzte Messsystem und die Messszenarien vorgestellt. Weiterhin wird an dieser Stelle der Sensor-CLEAN Algorithmus zur Schätzung der einzelnen Ausbreitungspfade eingeführt und für die in dieser Arbeit verwendeten Szenarien parametrisiert. Ferner wird ein Vergleich zwischen der mit Ray-Tracing simulierten und gemessenen Kanalkennfunktionen und Kenngrößen gemacht und so die bestehenden Defizite der konventionellen Ray-Tracing Modelle aufgezeigt.

- Kapitel 5 stellt den hybriden Ray-Tracing/FDTD Ansatz vor. Zuerst werden die Grundlagen der FDTD Methode zusammengefasst. Anschließend wird die Implementierung des Ray-Tracing/FDTD Verfahrens vorgestellt und anhand von Messungen und FDTD Simulationen verifiziert. Zum Schluss wird die Anwendung des Modells in den Simulationen für Kommunikations- und Radarsysteme vorgestellt.

- Kapitel 6 führt das neue hybride deterministisch-stochastische Modell ein. Anhand von richtungsaufgelösten Messungen werden die Modellstruktur und die Modellparameter abgeleitet. Die anschließende Verifikation des Modells mit Kanalmessungen zeigt eine signifikante Steigerung der Simulationsgenauigkeit gegenüber dem konventionellen Ray-Tracing in Bezug auf alle untersuchten Kanalkenngrößen.

- In Kapitel 7 wird das deterministisch-stochastische Modell zur Ermittlung von Design-Kriterien für Arrays in MIMO-UWB-Systemen genutzt. Dafür wird ein auf dem MB-OFDM (engl. Multiband-OFDM) Standard basierter MIMO-Systemsimulator implementiert, welcher das deterministisch-stochastische Kanalmodell einsetzt. Anhand der simulierten Bitfehlerraten werden die Zusammenhänge zwischen der eingesetzten Antennenkonfiguration und der Leistungsfähigkeit eines MIMO-UWB-Systems abgeleitet. Diese Zusammenhänge bieten eine Hilfestellung beim Design von optimalen Antennenarrays für zukünftige Kommunikationssysteme.

- Die Zusammenfassung und die Schlussfolgerungen der Arbeit sind in Kapitel 8 gegeben.

2 UWB Funktechniken und Kanalmodelle

Seit der Zulassung der UWB-Technologie zur kommerziellen Nutzung in 2002, wurde sie für eine beachtliche Anzahl an Anwendungen aus den Gebieten der Kommunikation, Radar und Sensorik betrachtet. Dabei sind verschiedene Konzepte der Sender- und Empfängerarchitekturen entstanden. Dieses Kapitel gibt einen Überblick über die verschiedenen Ansätze zur Realisierung der UWB-Übertragung sowie über die wichtigsten Einsatzgebiete von UWB. Eine ausführliche Einführung in die Ultrabreitbandtechnik ist in [OHI04, Ree05, ACDB06, DKM$^+$06] zu finden. Weiterhin werden die wichtigsten Kanalmodelle für UWB-Systeme vorgestellt. Insbesondere wird das am Institut für Hochfrequenztechnik und Elektronik (IHE) entwickelte Ray-Tracing Modell, welches der Ausgangspunkt dieser Arbeit ist, näher beschrieben.

2.1 Definition der Ultra-Breitbandsysteme

Die Geschichte der ultrabreitbandigen Systeme geht zurück bis zum ersten Übertragungsexperiment von Heinrich Hertz im Jahr 1887. In diesem Experiment wurden die elektromagnetischen Wellen mit einem Funkeninduktor angeregt, welcher die Pulse mit einer großen relativen Bandbreite erzeugt. Allerdings haben erst die später entwickelten schmalbandigen Systeme, die Funkkommunikation populär gemacht. Die ultrabreitbandigen Systeme wurden lange Zeit vorwiegend für militärische Zwecke eingesetzt, als Radar, Störsender oder für abhörsichere Kommunikation. Erst durch die Freigabe eines breiten Spektrums zwischen 3,1 und 10,6 GHz für lizenzfreie UWB-Anwendungen durch die US-Amerikanische Federal Communications Commission (FCC) wurde die kommerzielle Nutzung von UWB ermöglicht [FCC02].

Laut FCC wird ein System als ultrabreitbandig definiert, wenn seine absolute Bandbreite mindestens 500 MHz oder seine relative Bandbreite (d.h. die auf die Mittelfrequenz bezogene Bandbreite) mindestens 20% beträgt. UWB-Systeme sind als sog. overlay Systeme konzipiert, d.h. sie nutzen die Frequenzbänder, die anderen Funksystemen zugewiesen sind, mit. Um Störungen der schmalbandigen Systeme zu vermeiden, ist die zulässige Sendeleistung der UWB-Systeme begrenzt. Dazu gelten unterschiedliche Regelungen in USA, Europa und Asien. Eine vollständige Beschreibung aller momentan gültigen UWB-Regulierungen ist in [Tim10] zu finden.

Die US-amerikanische FCC Maske lässt für Indoor-Kommunikationsanwendungen eine EIRP Leistungsdichte von -41,3 dBm/MHz für Frequenzen zwischen 3,1 und 10,6 GHz und unter 0,96 GHz zu. Außerhalb dieser Grenzen müssen deutlich kleinere Leistungsdichten eingehalten werden. In Europa ist der mit -41,3 dBm/MHz nutzbare Bereich wesentlich kleiner und liegt zwischen 6,0 und 8,5 GHz [ECC07]. Zusätzlich kann das Band zwischen 4,2 und 4,8 GHz verwendet werden, vorausgesetzt, dass zusätzliche Maßnahmen zur Vermeidung von Interferenz getroffen werden. Weitere Regulierungen sind in Japan, Korea, China und Singapur verfügbar. Sie sind mit kleineren Abweichungen der europäischen Spektralmaske ähnlich.

2.2 Modulationstechniken

Es gibt mehrere Möglichkeiten das übertragene Signal zu gestalten, damit es die durch die Regelungsbehörden vorgegebenen Bedingungen erfüllt. Einerseits können sehr kurze Pulse verwendet werden, welche ein breites Spektrum aufweisen. Andere Möglichkeiten sind Mehrträgerverfahren wie z.B. Orthogonal Frequency Division Multiplexing (OFDM) oder Frequenzspreizverfahren wie z.B. Direct Sequence Spread Spectrum (DSSS). Momentan gelten pulsbasierte Verfahren und OFDM Verfahren als die populärsten Methoden der UWB-Übertragung.

2.2.1 Pulsbasierte Systeme

In pulsbasierten Systemen erfüllt jeder gesendete Puls die Anforderungen der Regulierungsbehörden an die Spektralmaske. Die Pulsdauer ist dabei viel geringer als die Wiederholzeit. Die zu übertragenden Symbole werden typischerweise auf mehrere Pulse verteilt, um einen zusätzlichen Prozessierungsgewinn und Interferenzrobustheit zu erreichen. Dadurch sind solche Systeme auch robust gegen Intersymbolinterferenz in Szenarien mit starker Mehrwegeausbreitung.

Als Pulsform wird meistens der Gauß'sche Puls oder seine Ableitungen verwendet, da er die von der FCC vorgegebene Maske gut ausfüllt und einfach zu erzeugen ist. Noch bessere Systemleistungsfähigkeit kann durch die Verwendung von optimierten Pulsen erreicht werden [Eis06, Tim10].

Die Modulation der Pulse kann über die Amplitude (PAM, engl. *pulse amplitude modulation*), die Phase (BPSK, engl. *binary phase shift keying*), die Position (PPM, engl. *pulse position modulation*) oder die Pulsform (PSM, engl. *pulse shape modulation*) erreicht werden. Dadurch ist die Signalprozessierung direkt im Basisband möglich. Durch Verzicht auf den Mischer im Empfänger können einfache und kostengünstige Empfängerstrukturen gebaut werden. Anderseits ist die Sender-Empfänger-Synchronisation bei kurzen Pulsen technisch schwierig.

2.2.2 MB-OFDM

Das Multiband-OFDM Verfahren für UWB wurde von der IEEE 802.15.3 Standardisierungs-gruppe [IEE03] vorgeschlagen und bei Ecma International als Standard eingereicht [ECM05]. Die OFDM Technik beruht auf Aufspaltung des Datenstroms auf mehrere Unterträger, so dass die modulierten Unterträger orthogonal zueinander sind. Die Bandbreite der einzelnen Unterträger ist dabei kleiner als die Kohärenzbandbreite des Kanals, so dass die Subträger fast keine Frequenzselektivität des Kanals erfahren. Danach werden die einzelnen Daten-ströme mit der inversen Diskreten Fourier-Transformation (IDFT) prozessiert. Die dadurch erhaltenen komplexen Abtastwerte werden auf die Trägerfrequenz gemischt und gesendet. Im Empfänger wird diese Vorgehensweise umgekehrt ausgeführt, wobei hier die diskrete Fourier-Transformation (DFT) verwendet wird. Durch ihre Struktur sind OFDM Systeme besonders robust gegen schmalbandige Interferenzen und gegen frequenzselektives Funk-kanalverhalten.

Bei dem MB-OFDM Standard wird das FCC-UWB-Spektrum auf 14 Subbänder mit einer Bandbreite von 528 MHz aufgeteilt. Diese werden in Bandgruppen zu je 3 Subbändern auf-geteilt (siehe. Bild 2.1). Eine Ausnahme hier ist Gruppe 5, welche die letzten zwei Bänder beinhaltet. Gruppe 6 wurde nachträglich definiert und umfasst die Bänder, welche in allen vorhandenen Regulierungen für UWB freigegeben sind.

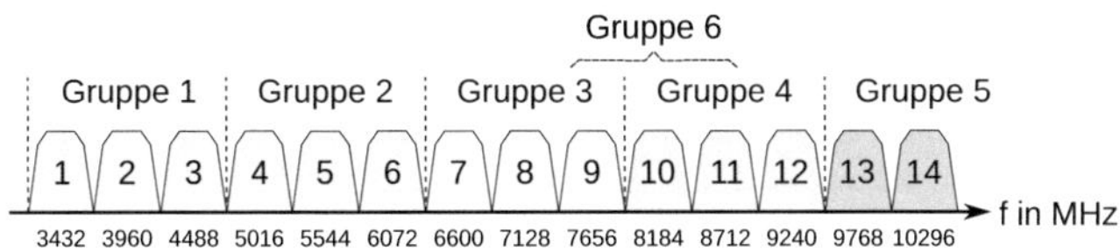

Bild 2.1: MB-OFDM Subbänder und Bandgruppen

In jedem Subband werden 128 Unterträger verwendet [BBA⁺04]. Anders als bei konventio-nellen OFDM Systemen wird bei MB-OFDM die Trägerfrequenz gemäß einem vorgegebe-nen Frequency-Hopping Muster über die Zeit variiert.

Heutzutage werden mit MB-OFDM Nettodatenraten von bis zu 480 Mbit/s pro 528 MHz Subband erreicht [MOA04].

2.3 UWB Kommunikations- und Radaranwendungen

Gemäß des Shannon'schen Theorems steigt die mögliche Übertragungsrate eines Kanals logarithmisch mit dem Signal-zu-Rausch-Verhältnis und linear mit der Bandbreite. Da die maximale Sendeleistung der Funkssysteme einerseits technologisch und anderseits durch verschiedene Regulierungen begrenzt ist, muss, um höhere Übertragungsraten zu erreichen, die Bandbreite des Systems erhöht werden. Daher ist die UWB-Technologie besonders attraktiv als Frontend für hochratige Kommunikationssysteme. Dabei ist durch die begrenzte zulässige Sendeleistung die Reichweite solcher Systeme auf ca. 10 m beschränkt. Diese Reichweite ist für viele Anwendungen wie z.B. Kommunikation zwischen dem Rechner und Peripheriegeräten oder in Multimediasystemen bereits ausreichend. Da die Mengen an Daten, die in solchen Szenarien übertragen werden, kontinuierlich steigt, ist hier der Bedarf an hohen Datenraten besonders hoch. Mittlerweile sind die ersten MB-OFDM basierten UWB-Geräte auf dem Markt, welche als Ersatz für die USB (engl. Universal Serial Bus) Schnittstellen gedacht sind.

Bei größeren Entfernungen sinkt die verfügbare Datenrate, doch auch hier gibt es potenzielle Anwendungen von UWB z.B. in Sensor-Netzwerken oder in der Medizin. Hier sind die pulsbasierten Systeme von besonderem Interesse, da sie durch ihre einfache Sender- und Empfängerstrukturen niedrige Herstellungskosten und geringen Stromverbrauch versprechen.

Die große Bandbreite von UWB bringt auch Vorteile für Lokalisierung und bildgebende Verfahren. Da die Pulse sehr kurz sind, ist eine sehr genaue Bestimmung von Laufzeiten möglich. Dadurch kann in Lokalisierungssystemen sehr genaue Positionsbestimmung erreicht werden. Solche hochgenauen Lokalisierungssyteme können z.B. zur Fernsteuerung von Industriemaschinen verwendet werden [ZJA⁺10, ZJZ10].

Beim Radar bieten die kurzen Pulse eine sehr gute Auflösung in der Entfernung. Zusätzlich ist bei niedrigeren Frequenzen des FCC Bandes die Penetration der dielektrischen Objekte [Li09, Ada10] möglich. Dadurch sind die UWB-Systeme zur Anwendung in medizinischen Abbildungsverfahren geeignet, z.B. zur Brustkrebsdetektion [HSSS07, THS⁺08, THS⁺09] oder zur Unterstützung von Rettungskräften in Katastrophenszenarien [THSZ07a, THSZ07b].

2.4 Ansätze zur Kanalmodellierung für UWB

Für schnelle und effektive Entwicklung und Optimierung von Übertragungssystemen und den dazugehörigen Algorithmen sind rechnerbasierte Modelle des Funkkanals von Nöten, um einen kostspieligen Prototypaufbau zu vermeiden. Je komplexer das System ist, desto wichtiger ist es, dessen Parameter schon in der Entwicklungsphase zu optimieren und dessen Leistungsfähigkeit zu bestimmen.

Um aussagekräftige Ergebnisse zu bekommen, müssen die verwendeten Kanalmodelle eine realistische Nachbildung des Funkkanals liefern. Abhängig von der Anwendung, können nur ausgewählte Aspekte der Wellenausbreitung in einem Modell berücksichtigt werden. Zum Testen der Algorithmen für Kommunikationssysteme ist es meistens ausreichend, das statistische Verhalten einiger Kanalmodellparameter wie z.B. Kanaldämpfung oder Impulsverbreiterung nachzubilden. Wird optimale Platzierung des Systems in einem bestimmten Szenario gefragt, muss das Kanalmodell auch die geometrische Beschaffenheit des Szenarios berücksichtigen. Das gleiche gilt auch für den Entwurf von Radar- und Imagingsystemen. Mittlerweile ist eine beachtliche Anzahl an verschiedenen Kanalmodellen zur Simulation von ultrabreitbandigen Kanälen entstanden. Diese können grob in stochastische und deterministische Kanalmodelle unterteilt werden. Diese beiden Gruppen werden im Folgenden genauer beschrieben.

2.4.1 Stochastische Kanalmodelle

Die stochastischen Kanalmodelle modellieren das statistische Verhalten der ausgewählten Kanaleigenschaften mit Hilfe von Zufallsprozessen. Diese Prozesse sind anhand von Messungen bestimmt und parametrisiert. Solche Modelle sind nur im gleichen Frequenzbereich und ähnlichen Szenarien gültig in dem die Messungen stattfanden. Ein Vorteil solcher Modelle ist, dass in kürzester Zeit sehr viele Kanalrealisierungen erstellt werden können, was schnelles Vergleichen der Algorithmen und Techniken anhand von Fehlerraten (BER, engl. *bit error rate*) des Systems ermöglicht.

Schon kurz nach der Veröffentlichung der FCC Regulierung wurden zwei stochastische Kanalmodelle für diesen Frequenzbereich durch die IEEE 802.15.3a [IEE03] und IEEE 802.15.4a [IEE07] Standardisierungsgruppen zur Verfügung gestellt. Obwohl kein industrieweiter Standard für die physikalische Schicht der Kommunikationssysteme erarbeitet wurde, sind die durch diese Gruppen entwickelten Kanalmodelle mittlerweile sehr verbreitet.

Das erste Modell ist für hochratige Kommunikation in Wohn- und Büroräumen [MFP03], das zweite für niedrigratige Kommunikation innerhalb der Sensornetzwerke in Wohn-, Büro-, Industrie- und Outdoorszenarien konzipiert worden [MCCC+06]. Beide Modelle basieren im Wesentlichen auf dem Saleh-Valenzuela Ansatz für breitbandige Kanäle [SV87]. Es wird dabei angenommen, dass die einzelnen Ausbreitungspfade in Gruppen sog. Cluster am Empfänger ankommen. Die Ankunftszeiten der Cluster und der Pfade in den Clustern werden durch eine Poisson-Verteilung modelliert und die Amplituden durch eine Log-Normal Verteilung. Somit wird eine zufällige Impulsantwort erzeugt. Die Mittelwerte der aus diesen

Impulsantworten berechneten Kanalkenngrößen entsprechen den aus der Messung gewonnenen Mittelwerten.

Die Ankunftszeiten der Cluster und der Pfade in den Clustern ist in beiden Modellen durch Poisson-Verteilungen modelliert. Die Amplituden der einzelnen Mehrwegebeiträge sind im IEEE 802.15.3a Modell Log-Normalverteilt und im IEEE 802.15.4a Modell Nakagami verteilt. Zusätzlich werden weitere Ausbreitungseffekte wie Freiraumdämpfung und die Dämpfung durch Abschattung (engl. *shadowing*) modelliert.

Da diese Modelle keine zeitliche- und räumliche Korrelation der einzelnen Kanalimpulsantworten berücksichtigen, sind sie für Simulation von zeitvarianten Mehrantennensystemen sowie für die Radaranwendungen nicht geeignet.

2.4.2 Deterministische Kanalmodelle

Die deterministischen Kanalmodelle liefern eine direkte Lösung der Maxwell Gleichungen in einem gegebenen Szenario. Dazu ist ein genaues Modell der Umgebung notwendig, welches sowohl die Geometrie als auch die Materialeigenschaften und Oberflächenbeschaffenheit der Objekte umfasst.

Eine Gruppe der deterministischen Kanalmodelle sind Vollwellenansätze, welche nach Diskretisierung der betrachteten Umgebung die Maxwell'sche Differenzialgleichungen mit partiellen Differenzialgleichungen annähern und diese lösen. Dazu gehören Verfahren wie z.B. Finite-Elemente-Methode (FEM) [GW98], Momentenmethode (MoM, engl. *Method of Moments*) [Gib08] oder Finite Differenzen Methode (FDTD) [TH05]. Dabei kann sowohl von den Gleichungen im Frequenzbereich (FEM, MoM) als auch im Zeitbereich ausgegangen werden (FDTD). Die Zeitbereichsmethoden sind besonders gut für ultrabreitbandige Kanäle geeignet, da sie das gesamte Spektrum auf einmal abtasten.

Die Vollwellenansätze liefern die genausten Ergebnisse, allerdings sind sie auch, was die Rechenleistung und den Speicher betrifft, am aufwendigsten. Beim heutigen Stand der Technik sind die FDTD Berechnungen für den FCC Frequenzbereich nur für Volumen von wenigen Kubikmeter anwendbar. Das berechenbare Volumen wird dabei mit steigender Frequenz kleiner.

Bei Objekten deren Abmessungen wesentlich größer als die Wellenlänge sind, kann auf asymptotische Ansätze zur Beschreibung des Feldes bei hohen Frequenzen zurückgegriffen werden. Zu solchen Ansätzen gehören geometrische Optik (GO) und die verallgemeinerte geometrische Beugungstheorie (UTD, engl. *uniform geometrical theory of diffraction*). Dabei werden die einzelnen elektromagnetischen Wellen wie Lichtstrahlen (engl. *rays*) behandelt. Dadurch können mit Hilfe von relativ einfachen Regeln wie z.B. Reflexionsgesetz oder Fermat'sches Prinzip die Ausbreitungswege der einzelnen Wellen bestimmt werden und anschließend die Amplitude und Phasenänderungen durch Interaktionen mit der Umgebung berechnet werden. Solche Modelle werden als strahlenoptische Modelle bezeichnet und bieten wesentlich geringere Rechenzeiten als die Vollwellenmethoden bei einer guten Genauigkeit. Die strahlenoptischen Modelle können weiterhin in zwei Gruppen aufgeteilt werden. Der Unterschied liegt dabei in den Strahlsuchalgorithmen. Die Strahlsuche ist z.B. durch Senden und Verfolgen von vielen, gleichmäßig im Raum verteilten Strahlen möglich. Die Strahlen, die nach der Interaktionen mit Objekten am Empfänger ankommen, werden weiter prozessiert, die anderen werden verworfen. Dieser Ansatz wird als Stahlabschußverfahren (engl. *ray launching*) bezeichnet. Beispiele der Ray-Launching basierten Modelle sind in [Cic94] oder in [Did00] zu finden. Der andere Ansatz ermittelt die möglichen Pfade geometrisch z.B. mit Hilfe der Spiegelungsmethode [RWG97]. Dieser Ansatz wird als Strahlensuchverfahren (engl. *ray tracing*) bezeichnet.

Das in dieser Arbeit verwendete *ihert3d* Modell verwendet das Strahlensuchverfahren zur Berechnung der Ausbreitungswege. Es ist in [Mau05] ausführlich vorgestellt. Es unterstützt Berechnungen von direkten, reflektierten, gebeugten und inkohärent gestreuten Pfaden (für die Vegetationsstreuung). Dabei werden die Reflexionspunkte mittels des Spiegelungsprinzips ermittelt und die Beugungspunkte anhand des Fermat'schen Prinzip bestimmt [Bal89]. An Reflexionsstellen wird die Änderung der Amplitude und Phase der Welle mit Hilfe von modifizierten Fresnel Gleichungen [GW98] vollpolarimetrisch ermittelt. Die modifizierten Fresnel Koeffizienten erlauben die Berechnung der Reflexion von schwach rauen Oberflächen. Dabei wird nur die Feldstärke der reflektierten Welle reduziert. Die gestreuten Pfade werden nicht weiter verfolgt. Die Beugungen werden durch die erweiterte verallgemeinerte geometrische Beugungstheorie (UTD) berechnet [Lue89]. Bei den Ausbreitungsberechnungen werden die Pfade mit bis zu fünf Reflexionen, bis zu drei Beugungen sowie auch gemischte Pfade berücksichtigt. Pfade höherer Ordnungen können wegen der hohen Dämpfung vernachlässigt werden [FMKW06].

Durch Verketten der vollpolarimetrischen Matrizen, welche die einzelnen Interaktionen beschreiben, und der Freiraumabschnitte zwischen den Interaktionen können die Amplitude, Phase und Laufzeit der einzelnen Pfade ermittelt werden. Da der Verlauf des Pfades bekannt ist, können auch die Ausfalls- und Einfallswinkel der Pfade am Sender und Empfänger ermittelt werden. Diese Information macht das Modell besonders für Simulationen von Mehrantennensystemen nützlich.

Zunächst sind die Pfade für einen fiktiven isotropen Strahler ermittelt. Durch Gewichtung der einzelnen Pfade mit den Werten der Antennenrichtcharakteristik für entsprechende Ausfalls- und Einfallswinkel können beliebige Antennen simuliert werden. Die dazu notwendige Richtcharakteristik kann dabei entweder aus den Messungen oder aus einer Simulation gewonnen werden. Durch kohärente Summation der einzelnen Pfade am Empfänger wird der Übertragungskoeffizient ermittelt. Wird der Vorgang für verschiedene Frequenzen wiederholt, ergibt sich daraus eine komplexe Übertragungsfunktion des Kanals, welche in den Zeitbereich transformiert werden kann. Da angenommen werden kann, dass die geometrischen Ausbreitungswege unabhängig von der Frequenz sind [ZBME08, EH09], wird, um die höchstmögliche Effizienz der Berechnung zu gewährleisten, die zeitaufwendige Pfadsuche nur bei der niedrigsten Frequenz durchgeführt. Die Berechnung der Übertragungskoeffizienten ist vergleichsweise schnell und erfolgt dann für jede einzelne Frequenz im zweiten Schritt. Dabei wird die angewendete Antennarichtcharakteristik entsprechend der Frequenz variiert. Die Materialeigenschaften werden in dieser Arbeit zur Vereinfachung als frequenzunabhängig angenommen. Die Frequenzabhängigkeit der Materialparameter kann jedoch einfach in die Simulation implementiert werden, indem die Szenariodaten mit der Frequenz variiert werden.

Die Voraussetzung, dass die Objektdimensionen viel größer als die Wellenlänge sind, begrenzt jedoch den Gültigkeitsbereich des Modells. Kleine Details oder strukturierte Oberflächen, wie sie in Indoor Umgebungen vorkommen, können deshalb nur mit begrenzter Genauigkeit simuliert werden. Desweiteren wird der Effekt der so genannten diffusen Streuung vernachlässigt, welcher in Messungen beobachtet wird. Um diese zwei Nachteile zu beheben werden in dieser Arbeit zwei hybride Ansätze vorgestellt, welche die Streuung in das Ray-Tracing Modell implementieren. Zunächst wird ein rein deterministischer Ansatz vorgestellt, welcher FDTD und Ray-Tracing kombiniert, um die Interaktion der elektromagnetischen Welle mit kleinen Objekten in der Simulation möglichst genau nachzubilden. Dieser Ansatz ist besonders in Simulationen für bildgebende Systeme von Bedeutung. Der zweite Ansatz ist insbesondere für das Design von Kommunikationssystemen interessant und implementiert die diffuse Streuung in das Ray-Tracing Modell mit Hilfe von statistischen Methoden. Da beide Ansätze auf der Beschreibung eines gestreuten Pfades basieren, können sie sowohl getrennt als auch kombiniert verwendet werden.

3 Charakterisierung des Funkkanals

Drahtlose Systeme nutzen den freien Raum zur Übermittlung von Signalen. Hierbei entstehen durch die Interaktionen der an dem Sender abgestrahlten elektromagnetischen Wellen mit ihrer Umgebung mehrere Ausbreitungspfade. Am Empfänger kommen dadurch mehrere Kopien des gesendeten Signals an, deren Amplitude, Phase und Polarisation durch die Ausbreitungseffekte wie Reflexion, Beugung oder Streuung beeinflusst werden. Somit ist das Verhalten eines Funkkanals deutlich komplexer als das Verhalten eines kabelgebundenen Mediums und ist im allgemeinen Fall zeit- und frequenzabhängig sowie richtungsselektiv.

Durch die Kanalkennfunktionen und Kenngrößen werden alle diese Effekte quantifiziert. Dadurch ist die Charakterisierung des Kanals und ein Vergleich zwischen verschiedenen Kanälen möglich. Auch die Leistungsfähigkeit eines Kanalmodells lässt sich durch einen Vergleich mit Messungen anhand dieser Kenngrößen bewerten. Daher liefert dieses Kapitel eine systemtheoretische Beschreibung des Funkkanals sowie eine Übersicht über die in dieser Arbeit verwendeten Funktionen und Kenngrößen zur Kanalcharakterisierung. Dabei wird sowohl auf die schmal- als auch ultrabreitbandigen Kanäle eingegangen. Eine ausführliche Beschreibung der Systemfunktionen und Kenngrößen ist in zahlreichen Publikationen wie z.B. [Bel63, Kat97, GW98, Zwi00, Pät02, Mau05, Füg09] zu finden.

In dieser Arbeit wird bewusst auf die statistische Kanalbeschreibung durch den WSSUS-Ansatz (engl. *wide sense stationary with uncorrelated scattering*) wie es in [Bel63] hergeleitet ist, verzichtet. Die charakteristischen Kanalkenngrößen werden stattdessen aus der physikalischen Beschreibung der Mehrwegeausbreitung nach [GW98] gewonnen.

3.1 Übertragungsfunktion und Kanalimpulsantwort

Üblicherweise stellt man den Funkkanal als lineares, zeitvariantes System dar. Ein solches System kann vollständig durch seine Impulsantwort im Zeitbereich oder seine Übertragungsfunktion im Freqeunzbereich beschrieben werden. Ein Ausgangssignal $\underline{y}(t)$ eines solches Systems wird durch Faltung der Kanalimpulsantwort $\underline{h}(\tau, t)$ mit dem Eingangssignal $\underline{x}(t)$ definiert.

$$\underline{y}(t) = \underline{h}(\tau, t) * \underline{x}(t) = \int_{-\infty}^{\infty} \underline{h}(\tau, t)\underline{x}(t - \tau)d\tau \tag{3.1}$$

Dabei beschreibt die Variable τ die Verzögerungszeit der einzelnen Ausbreitungspfade und die Variable t die Zeitvarianz des Kanals. Die Faltung der Zeitsignale entspricht der Multiplikation des Eingangsignals mit der Kanalübertragungsfunktion $\underline{H}(f,t)$ im Frequenzbereich:

$$\underline{Y}(f,t) = \underline{H}(f,t) \cdot \underline{X}(f,t) \tag{3.2}$$

Die Kanalimpulsantwort und die Übertragungsfunktion sind dabei über die Fourier-Transformation miteinander verknüpft. Dadurch können die Kenngrößen des Funkkanals sowohl im Zeit- als auch im Frequenzbereich abgeleitet werden.

Bei der Betrachtung richtungsselektiver Kanäle ist es hilfreich, zwischen gerichtetem Ausbreitungskanal und ungerichtetem Funkkanal zu unterscheiden. Im Folgenden wird als Funkkanal die Übertragungsstrecke zwischen den Antennenanschlüssen am Sender und Empfänger bezeichnet. Der Funkkanal wird durch die Eigenschaften der Antennen beeinflusst und ist ungerichtet. Der Ausbreitungskanal dagegen, beinhaltet die Antennen nicht und ist richtungsselektiv. Die Beschreibung der beiden Fälle wird in den folgenden Abschnitten näher erläutert.

3.1.1 Ungerichteter Funkkanal

Die Übertragungsfunktion $\underline{H}(f,t)$ des zeitvarianten, frequenzselektiven Funkkanals gibt den Quotienten aus der komplexen Antennenspannung am Empfänger und am Sender an [GW98]. Dabei ist die Spannung am Empfänger durch eine kohärente Summation von N Ausbreitungspfaden bestimmt:

$$\underline{H}(f,t) = \frac{\underline{U}_R(f,t)}{|\underline{U}_T|} = \sqrt{\frac{\Re\{\underline{Z}_{AR}(f)\}}{\Re\{\underline{Z}_{AT}^*(f)\}}} \cdot \sqrt{\left(\frac{c_0}{4\pi f}\right)^2 G_R(f)G_T(f)} \tag{3.3}$$

$$\cdot \sum_{n=1}^{N} \left\{ \vec{\underline{C}}_R(\theta_R(t),\psi_R(t),f) \cdot \mathbf{T}_n(f,t) \cdot \vec{\underline{C}}_T(\theta_T(t),\psi_T(t),f) \cdot e^{-j2\pi f \tau_n(t)} \right\}$$

Dabei bezeichnen $\underline{Z}_{AR}(f)$ und $\underline{Z}_{AT}(f)$ die Eingangsimpedanzen, $G_R(f)$ und $G_T(f)$ die Gewinne, die Vektoren $\vec{\underline{C}}_R(\theta_R(t),\psi_R(t),f)$ und $\vec{\underline{C}}_T(\theta_T(t),\psi_T(t),f)$ die polarimetrische komplexe Richtcharakterisitik der Sende- und Empfangsantenne. Die Richtcharakteristik der Antennen ist in einem sphärischen Koordinatensystem definiert, in welchem θ und ψ Elevation und Azimut darstellen. Die Transfermatrix $\mathbf{T}_n(f,t)$ fasst alle Amplituden- und Phasenänderungen zusammen, die durch Reflexionen, Beugung und Streuung entstehen und ist vollpolarimetrisch definiert:

$$\mathbf{T}_n(f,t) = \begin{bmatrix} \underline{T}_{n,\theta\theta}(f,t) & \underline{T}_{n,\theta\psi}(f,t) \\ \underline{T}_{n,\psi\theta}(f,t) & \underline{T}_{n,\psi\psi}(f,t) \end{bmatrix} \tag{3.4}$$

Im Allgemeinen sind die Antennengewinne und Richtcharakteristika frequenzabhängig. Auch die Materialparameter der Objekte und dadurch die Reflexions- Beugungs- und Streukoeffizienten müssen als frequenzabhängig betrachtet werden. Deshalb ändert sich die Transfermatrix mit der Frequenz. Dies gilt besonders für ultrabreitbandige Kanäle. Dagegen können die geometrischen Wege der Ausbreitungspfade und somit ihre Einfalls- und Ausfallswinkel als frequenzunabhängig angenommen werden [ZBME08, EH09].

Änderung der Position der Sende-/Empfangsantenne sowie die Bewegung in der Umgebung (z.B. vorbeigehende Personen) führen zur Fluktuation der Anzahl der Pfade sowie deren Amplituden und Phasen. Die Eigenschaften der Antennen sind dagegen zeitunabhängig.

3.1.1.1 Schmalbandige und breitbandige Systeme

Die Bandbreite eines drahtlosen Übertragungssystems ist immer eingeschränkt. Dies resultiert einerseits aus der Bandbegrenzung der Antennen, anderseits aus der Reglementierung der für die Kommunikation geeigneten Spektren durch Behörden. In den meisten Systemen ist das genutzte Band klein im Vergleich zur Mittenfrequenz. In einem solchen Fall kann auch die Frequenzabhängigkeit der Antennen- und Materialeigenschaften vernachlässigt werden. Solche Übertragungsysteme werden für gewöhnlich mit Hilfe der äquivalenten Tiefpass-Übertragungsfunktion beschrieben:

$$\underline{H}^{\mathrm{TP}}(\Delta f, t) = \sum_{n=1}^{N} \underline{A}_n(t) e^{-j2\pi(f_0 + \Delta f)\tau_n(t)} \tag{3.5}$$

Dabei werden zur Vereinfachung die einzelnen Terme in (3.3), bis auf die Laufzeitterme, zu den skalaren, komplexen Übertragungskoeffizienten $\underline{A}_n(t)$ zusammengefasst. Der Übertragungskoeffizient beinhaltet daher die gesamte Dämpfung und Phasenänderung des n-ten Ausbreitungspfades, die sowohl durch die Antennen als auch durch den Kanal zustande kommen.

Durch die inverse Fourier-Transformation von $\underline{H}^{\mathrm{TP}}(\Delta f, t)$ bezüglich der Frequenz kann die äquivalente Tiefpass-Kanalimpulsantwort $\underline{h}^{\mathrm{TP}}(\tau, t)$ der Form

$$\underline{h}^{\mathrm{TP}}(\tau, t) = \sum_{n=1}^{N} \underline{A}_n(t) e^{-j2\pi f_0 \tau_n(t)} \delta(\tau - \tau_n(t)) \tag{3.6}$$

bestimmt werden. Dabei wird zunächst eine unbegrenzte Bandbreite angenommen. Die Antennen und das analoge Front-End weisen dabei Eigenschaften eines Filters auf. Durch Faltung mit der bandbegrenzten Impulsantwort dieses Filters $\underline{h}_{\mathrm{F}}^{\mathrm{TP}}(\tau, t)$ ergibt sich folgender Zusammenhang:

$$\underline{h}^{\mathrm{TP}}(\tau, t) = \sum_{n=1}^{N} \underline{A}_n(t) e^{-j2\pi f_0 \tau_n(t)} \underline{h}_{\mathrm{F}}^{\mathrm{TP}}(\tau - \tau_n(t)) \tag{3.7}$$

3.1.1.2 Ultrabreitbandige Systeme

Im Gegensatz zu konventionellen Breitbandsystemen und Schmalbandsystemen ist die Bandbreite der ultrabreitbandigen Signale groß im Vergleich zur Mittenfrequenz. Daher können UWB-Signale oft direkt im Basisband analysiert werden. Ein reales Basisband-Signal hat spektrale Komponenten sowohl bei positiven als auch negativen Frequenzen. Werden die Signale im Frequenzbereich gemessen, z.B. mit einem Netzwerkanalysator, liegen die Werte nur für positive Frequenzen vor. Um eine reelle Zeitfunktion $\underline{h}(\tau, t)$ aus solchen Daten zu erhalten, wird vor der Fourier-Transformation das Spektrum für negative Frequenzen mit Hilfe der Hermit'schen Symmetrie rekonstruiert. Dazu wird eine konjugierte komplexe Kopie des Spektrums für positive Frequenzen um die Frequenz $f = 0$ gespiegelt [OHI04]. Die daraus resultierende reale Basisbandfunktion hat folgende Form:

$$h(\tau, t) = \sum_{n=1}^{N} A'_n(t) h_{\mathrm{F}}\big(\tau - \tau_n(t)\big) \qquad (3.8)$$

Dabei werden auch die Effekte der Frequenzabhängigkeit der Antennenrichtcharakteristika und der Materialeigenschaften, die sich im Zeitbereich als Verzerrung des Pulses manifestieren, in dem Term $A'_n(t)$ mitberücksichtigt. Wegen der großen Bandbreite wird oft der Term $h_{\mathrm{F}}(\tau - \tau_n(t))$, welcher die Pulsform beschreibt, mit der Dirac-Funktion $\delta(\tau - \tau_n(t))$ ersetzt.

3.1.1.3 Doppler-variante Übertragungsfunktion und Kanalimpulsantwort

Bei Beschreibung stark zeitvarianter Kanäle sind weitere Systemfunktionen hilfreich. Durch Fourier-Transformation der zeitvarianten Übertragungsfunktion $\underline{H}^{\mathrm{TP}}(\Delta f, t)$ aus (3.5) bezüglich der Zeitvarianz t erhält man eine Doppler-variante Übertragungsfunktion $\underline{T}^{\mathrm{TP}}(\Delta f, f_{\mathrm{D}})$, aus welcher die Kenngrößen der Zeitvarianz abgeleitet werden: das Doppler-Spektrum, die Doppler-Verschiebung und die Doppler-Verbreiterung. Durch inverse Fourier-Transformation der Doppler-varianten Übertragungsfunktion bezüglich der Frequenz erhält man eine dopplervariante Kanalimpulsantwort $\underline{s}^{\mathrm{TP}}(\tau, f_{\mathrm{D}})$.

Genauso wie die Übertragungsfunktion $\underline{H}^{\mathrm{TP}}(\Delta f, t)$ und die Kanalimpulsantwort $\underline{h}^{\mathrm{TP}}(\tau, t)$ beschreibt jede der beiden Doppler-varianten Systemfunktionen vollständig den Funkkanal [Bel63].

3.1.2 Gerichteter Ausbreitungskanal

Zur Beschreibung der räumlichen Eigenschaften des Kanals wird die gerichtete Übertragungsfunktion $\underline{\mathbf{H}}(f, t, \Omega_\mathrm{T}, \Omega_\mathrm{R})$ verwendet [Zwi00, Füg09]:

$$\underline{\mathbf{H}}(f, t, \Omega_\mathrm{T}, \Omega_\mathrm{R}) = \left(\frac{c_0}{4\pi f}\right) \cdot \sum_{n=1}^{N(t)} \underline{\mathbf{T}}_\mathrm{n}(f, t) e^{-j2\pi f \tau_n(t)} \delta(\Omega_\mathrm{T} - \Omega_{\mathrm{n,T}}(t)) \delta(\Omega_\mathrm{R} - \Omega_{\mathrm{n,R}}(t)) \quad (3.9)$$

Dabei definieren Ω_T und Ω_R die Ausfalls- bzw. Einfallsrichtungen der Pfade an der Sende- bzw. Empfangsantenne in Azimut und Elevation. Im Gegensatz zur ungerichteten Übertragungsfunktion aus (3.3) sind die Gewinne und die Richtcharakteristika der Antennen in der gerichteten Übertragungsfunktion nicht eingeschlossen. Die Matrizen $\underline{\mathbf{H}}(f, t, \Omega_\mathrm{T}, \Omega_\mathrm{R})$ und $\underline{\mathbf{T}}_\mathrm{n}(f, t)$ sind vollpolarimetrisch definiert. Einzelne Komponenten der Polarisation werden durch Multiplikation der Matrix $\underline{\mathbf{H}}(f, t, \Omega_\mathrm{T}, \Omega_\mathrm{R})$ mit isotropen Sende- und Empfangscharakteristiken berechnet z.B.:

$$\underline{H}_{\theta\theta}(f, t, \Omega_\mathrm{T}, \Omega_\mathrm{R}) = \left(\begin{array}{cc} 1 & 0 \end{array} \right) \cdot \underline{\mathbf{H}}(f, t, \Omega_\mathrm{T}, \Omega_\mathrm{R}) \cdot \left(\begin{array}{c} 1 \\ 0 \end{array} \right) \quad (3.10)$$

Durch Gewichtung der gerichteten Übertragungsfunktion mit den Antennendiagrammen und Integration über den kompletten Winkelbereich Ω_T und Ω_R erhält man die ungerichtete Übertragungsfunktion aus (3.3):

$$\underline{H}(f, t) = \sqrt{G_\mathrm{R}(f) G_\mathrm{T}(f)} \int_{\Omega_\mathrm{T}} \int_{\Omega_\mathrm{R}} \underline{C}_\mathrm{R}(\Omega_\mathrm{R}(t), f) \cdot \underline{\mathbf{H}}(f, t, \Omega_\mathrm{T}, \Omega_\mathrm{R}) \cdot \underline{C}_\mathrm{T}(\Omega_\mathrm{T}(t), f) d\Omega_\mathrm{T} d\Omega_\mathrm{R}$$

$$(3.11)$$

Genauso wie bei ungerichteten Funktionen wird die gerichtete Kanalimpulsantwort durch Fourier-Transformation der gerichteten Übertragungsfunktion gewonnen:

$$\underline{\mathbf{h}}(f, t, \Omega_\mathrm{T}, \Omega_\mathrm{R}) \circ\!\!-\!\!\bullet \underline{\mathbf{H}}(f, t, \Omega_\mathrm{T}, \Omega_\mathrm{R}) \quad (3.12)$$

Die gerichtete Übertragungsfunktion und Kanalimpulsantwort können genauso wie die ungerichteten Systemfunktionen im äquivalenten Tiefpass-Bereich oder im Basisband beschrieben werden. Dabei gelten auch alle in Absatz 3.1.1 beschriebenen Zusammenhänge.

3.2 Charakteristische Kennfunktionen und Kenngrößen

Zur einfachen Bewertung und zum Vergleich der Kanäle werden Kennfunktionen und Kenngrößen eingeführt, welche Dämpfung, Zeitvarianz, Frequenz- und Richtungsselektivität des

Kanals beschreiben. Die Kenntnis dieser Kenngrößen ist für das Design von drahtlosen Systemen wichtig. So entscheiden z.B. die Werte der Zeitvarianz über die Notwendigkeit einen Entzerrer im Empfänger anzuwenden. Die Werte der Frequenzselektivität können zur Ableitung der möglichen Symbolraten verwendet werden und die Werte der Richtungsselektivität geben an, inwieweit das System durch Anwendung der Mehrantennentechniken verbessert werden kann.

3.2.1 Kenngrößen der Frequenzselektivität

Die meist verwendete Funktion zur Charakterisierung des Funkkanals ist das normierte Leistungsverzögerungsspektrum (PDP: eng. *power delay profile*) [GW98]. Es entspricht dem normierten Betragsquadrat der komplexen Hüllkurve der Kanalimpulsantwort:

$$P(\tau, t) = \text{const} \cdot |\underline{h}(\tau, t)|^2 = \sum_{n=1}^{N(t)} |\underline{A}_n(t)|^2 \delta(\tau - \tau_n(t)) \tag{3.13}$$

Bei Passband-Signalen entspricht die komplexe Hüllkurve der äquivalenten Tiefpass-Kanalimpulsantwort. Im Basisband wird sie durch das analytische Signal beschrieben.

Die Spreizung des PDPs wird durch die Impulsverbreiterung (engl. *delay spread*) $\sigma_\tau(t)$ beschrieben

$$\sigma_\tau(t) = \sqrt{\frac{\int\limits_{-\infty}^{+\infty} \tau^2 P(\tau, t) d\tau}{\int\limits_{-\infty}^{+\infty} P(\tau, t) d\tau} - \mu_\tau^2}, \tag{3.14}$$

wobei $\mu_\tau(t)$ die mittlere Verzögerungszeit (engl. *mean delay*) bezeichnet:

$$\mu_\tau(t) = \frac{\int\limits_{-\infty}^{+\infty} \tau P(\tau, t) d\tau}{\int\limits_{-\infty}^{+\infty} P(\tau, t) d\tau} \tag{3.15}$$

Das Leistungsverzögerungsspektrum ist mit der Frequenz-Autokorrelationsfunktion des Übertragungskanals über die Fourier-Transformation verknüpft:

$$P(\tau, t) \,\circ\!\!-\!\!\bullet\, \underline{r}^{\text{f}}_{\text{HH}}(\Delta f, t) = \int\limits_{-\infty}^{+\infty} \underline{H}(f, t)^* \underline{H}(f + \Delta f, t) df \tag{3.16}$$

$P(\tau, t)$ beschreibt die Frequenzselektivität des Übertragungskanals. Ein wichtiger Parameter dabei ist die Kohärenzbandbreite. Sie gibt die Frequenz an, für die der Betrag der Frequenz-Autokorrelationsfunktion unter eine definierte Schranke abfällt. Diese Schranke wird oft zu $1/e \approx 0,37$ gesetzt [GW98]. Die Kohärenzbandbreite ist umgekehrt proportional zur Impulsverbreitung:

$$\frac{1}{\sigma_\tau} \propto B_{\mathrm{coh}} \tag{3.17}$$

Das Verhältnis der Kohärenzbanbreite B_{coh} zu der Bandbreite des Systems B entscheidet darüber, ob der Kanal frequenzselektiv oder nicht frequenzselektiv ist. Ist die Systembandbreite wesentlich kleiner als die Kohärenzbanbreite $B \ll B_{\mathrm{coh}}$ liegt Flachschwund vor. Der Kanal wird dann als frequenzunabhängig angesehen. Andernfalls ist der Kanal frequenzselektiv und es werden die durch die Mehrwegeausbreitung verursachten Signalechos eines Symbols dem nachfolgenden Symbol überlagert. Dies wird als Intersymbolinterferenz bezeichnet.

3.2.2 Kenngrößen der Richtungsselektivität

Die Richtungsselektivität des Kanals wird getrennt am Sender und Empfänger für jede Polarisationskombination durch das momentane Leistungswinkelspektrum $P_{\mathrm{T/R,pq}}(t_0, \Omega_{\mathrm{T/R}})$ und die räumliche Autokorrelationsfunktion $\underline{r}^{\mathrm{x}}_{\mathrm{T/R},\theta\theta,\mathrm{HH}}(t, \Delta x)$ charakterisiert:

$$P_{\mathrm{T/R,pq}}(t_0, \Omega_{\mathrm{T/R}}) = \sum_{n=1}^{N} |\underline{A}_n(t_0)|^2 \delta(\Omega_{\mathrm{T/R}} - \Omega_{\mathrm{T/R},n})$$

$$\circ\!\!-\!\!\bullet\ \underline{r}^{\mathrm{x}}_{\mathrm{T/R,pq,HH}}(t, \Delta x) = \int\limits_{-\infty}^{+\infty} \underline{H}_{\mathrm{T/R,pq}}(t, x)^* \underline{H}_{\mathrm{T/R,pq}}(t, x + \Delta x) \tag{3.18}$$

Die Indizes p und q bezeichnen die jeweilige Polarisation am Sender und Empfänger.

Eine charakteristische Kenngröße für die Richtungsselektivität ist die Winkelspreizung (engl. *angular spread*):

$$\sigma_{\Omega_{\mathrm{T/R,pq}}}(t) = \sqrt{\frac{\displaystyle\int\limits_{\Omega_{\mathrm{T,max}}(t)-\pi}^{\Omega_{\mathrm{T,max}}(t)+\pi} \Omega_{\mathrm{T/R}}(t)^2 P_{\mathrm{T/R,pq}}(\Omega_{\mathrm{T/R}}(t), t)\,d\Omega_{\mathrm{T/R}}}{\displaystyle\int\limits_{\Omega_{\mathrm{T,max}}(t)-\pi}^{\Omega_{\mathrm{T,max}}(t)+\pi} P_{\mathrm{T/R,pq}}(\Omega_{\mathrm{T/R}}(t), t)\,d\Omega_{\mathrm{T/R}}} - \mu^2_{\Omega_{\mathrm{T/R,pq}}}(t)} \tag{3.19}$$

Ω steht für den Azimut- oder Elevationswinkel und $\mu_{\Omega_{\mathrm{T/R}},\mathrm{pq}}(t)$ beschreibt den mittleren Winkel:

$$\mu_{\Omega_{\mathrm{T/R}},\mathrm{pq}}(t) = \frac{\displaystyle\int\limits_{\Omega_{\mathrm{T,max}}(t)-\pi}^{\Omega_{\mathrm{T,max}}(t)+\pi} \Omega_{\mathrm{T/R}}(t)P_{\mathrm{T/R,pq}}(\Omega(t),t)d\Omega_{\mathrm{T/R}}}{\displaystyle\int\limits_{\Omega_{\mathrm{T,max}}(t)-\pi}^{\Omega_{\mathrm{T,max}}(t)+\pi} P_{\mathrm{T/R,pq}}(\Omega(t),t)d\Omega_{\mathrm{T/R}}} \tag{3.20}$$

3.2.3 Kenngrößen der Zeitvarianz

Bei den in dieser Arbeit betrachteten Kanälen innerhalb von Gebäuden ist nur schwach ausgeprägte Zeitvarianz zu erwarten. Diese Zeitvarianz ist hauptsächlich durch sich bewegende Personen hervorgerufen. Da die Geschwindigkeiten dabei sehr gering sind, fallen die dadurch verursachten Doppler-Verschiebungen für gewöhnlich wesentlich kleiner als die Bandbreite aus. Dennoch werden die Kenngrößen der Zeitvarianz hier vollständigkeitshalber beschrieben.

Analog zur Frequenzselektivität wird die Zeitvarianz des Kanals durch die Autokorrelationsfunktion im Zeitbereich $\underline{r}^{\mathrm{t}}_{\mathrm{HH}}(f,t)$ und das Dopplerspektrum $S_{\mathrm{HH}}(f,f_{\mathrm{D}})$ charakterisiert:

$$\underline{r}^{\mathrm{t}}_{\mathrm{HH}}(f,t) = \int\limits_{-\infty}^{+\infty} \underline{H}(f,t)^{*}\underline{H}(f,t+\Delta t)dt \;\circ\!\!-\!\!\bullet\; S_{\mathrm{HH}}(f_{\mathrm{D}}) = |T(\Delta f = 0, f_{\mathrm{D}})| \tag{3.21}$$

Aus dem Dopplerspektrum werden Doppler-Verschiebung $\mu_{f_{\mathrm{D}}}$ und Doppler-Verbreiterung $\sigma_{f_{\mathrm{D}}}$ abgeleitet:

$$\mu_{f_{\mathrm{D}}} = \frac{\displaystyle\int\limits_{-\infty}^{+\infty} f_{\mathrm{D}}S_{\mathrm{HH}}(f_{\mathrm{D}})df_{\mathrm{D}}}{\displaystyle\int\limits_{-\infty}^{+\infty} S_{\mathrm{HH}}(f_{\mathrm{D}})df_{\mathrm{D}}} \tag{3.22}$$

$$\sigma_{f_{\mathrm{D}}} = 2\sqrt{\frac{\displaystyle\int\limits_{-\infty}^{+\infty} f_{\mathrm{D}}^{2}S_{\mathrm{HH}}(f_{\mathrm{D}})df_{\mathrm{D}}}{\displaystyle\int\limits_{-\infty}^{+\infty} S_{\mathrm{HH}}(f_{\mathrm{D}})df_{\mathrm{D}}} - \mu_{f_{\mathrm{D}}}^{2}} \tag{3.23}$$

Im Zeitbereich wird die Kohärenzzeit T_{coh} definiert, welche die Zeitdifferenz beschreibt, für welche die Autokorrelationsfunktion unter einen definierten Wert abfällt. Ähnlich wie bei der Kohärenzbandbreite wird hier oft der Wert $1/e \approx 0,37$ verwendet [GW98]. Die Kohärenzzeit ist umgekehrt proportional zur Doppler-Verbreiterung:

$$T_{\mathrm{coh}} \propto \frac{1}{\sigma_{f_\mathrm{D}}} \tag{3.24}$$

Bei schmalbandigen Kanälen sind auch Schwundeigenschaften des Kanals zu berücksichtigen. Durch die Interferenz der einzelnen Ausbreitungspfade schwanken die Werte der Übertragungsfunktion in der Zeit. Dabei wird zwischen dem schnellen Schwund (engl. *fast fading*) und dem langsamen Schwund (engl. *slow fading*) unterschieden. Der schnelle Schwund wird durch Überlagerung von Mehrwegepfaden hervorgerufen, deren Laufzeit und Phase sich wegen Interaktionen mit bewegten Objekten mit der Zeit ändern. Dabei bleiben die Anzahl der Pfade und deren Amplitude ungefähr gleich.

Der langsame Schwund entsteht durch größere Änderungen der Systemumgebung, wie z.B. Witterung, oder Bewegung der Sender/Empfänger zwischen Bereichen mit unterschiedlichen Ausbreitungsbedingungen. Dabei können sich die Anzahl und Amplitude der Pfade ändern. Der schnelle Schwund $s(t)$ und der langsame Schwund $l(t)$ werden aus der Kanalübertragungsfunktion ermittelt:

$$|\underline{H}(t)| = l(t) \cdot s(t), \quad \text{mit} \quad l(t) = \frac{1}{T} \int_{t-T/2}^{t+T/2} |\underline{H}(\gamma)| d\gamma \tag{3.25}$$

Hierbei beträgt das Produkt der Mittelungsfensterdauer T und der Geschwindigkeit mehrere Wellenlängen (üblicherweise 40-80).

Der schnelle Schwund wird meistens statistisch charakterisiert. Die dazu verwendeten Funktionen sind:

- kumulative Wahrscheinlichkeitsfunktion (CDF, engl. *cumulative distribution function*): gibt an mit welcher Wahrscheinlichkeit die Schwundamplitude kleiner als ein bestimmter Pegel ist

- Pegelunterschreitungsrate (LCR, engl. *level crossing rate*): gibt an wie oft pro Sekunde die Schwundamplitude einen bestimmten Pegel unterschreitet

- mittlere Schwunddauer (AFD, engl. *average fade duration*): beschreibt die mittlere Zeit in der die Schwundamplitude unterhalb eines bestimmten Pegels bleibt

Bei ultrabreitbandigen Kanälen spielt der schnelle Schwund eine untergeordnete Rolle. Wegen der großen Bandbreite können die einzelnen Ausbreitungspfade auf dem Empfänger wesentlich besser aufgelöst werden. Da sich dann nur wenige Pfade überlagern, werden die Interferenzen und die Schwankungen der Empfangsleistung deutlich reduziert [SK04, WFPS06].

3.3 Beschreibung und Kenngrößen eines MIMO-Kanals

3.3.1 MIMO-Systembeschreibung

In MIMO-Systemen stehen am Sender und am Empfänger mehrere Antennen zur Verfügung. Die Systemgleichung für ein Mehrantennensystem kann einfach aus der Beschreibung des Einantennensystems aus Absatz 3.1 abgeleitet werden. Jeder Übertragungsweg zwischen m-ter Sendeantenne und n-ter Empfangsantenne ist durch die Kanalimpulsantwort $\underline{h}_{nm}^{\mathrm{TP}}$ (3.6) beschrieben. Die individuellen Kanalimpulsantworten werden in eine MIMO-Übertragungsmatrix zusammengefasst [Kuh06, Czi07, Füg09]:

$$\underline{\mathbf{H}}(\tau, t) = \begin{bmatrix} \underline{h}_{11}^{\mathrm{TP}}(\tau, t) & \cdots & \underline{h}_{1M}^{\mathrm{TP}}(\tau, t) \\ \vdots & \ddots & \vdots \\ \underline{h}_{N1}^{\mathrm{TP}}(\tau, t) & \cdots & \underline{h}_{NM}^{\mathrm{TP}}(\tau, t) \end{bmatrix} \tag{3.26}$$

Das Ausgangssignal an der n-ten Empfangsantenne ergibt sich aus der Summe der Sendesignale $\underline{x}_{\mathrm{m}}(t)$ gefaltet mit der Kanalimpulsantwort $\underline{h}_{nm}(\tau, t)$:

$$\underline{y}_n(t) = \sum_{m=1}^{M} \underline{h}_{nm}(\tau, t) * \underline{x}_m(t) + \underline{n}_n(t) \tag{3.27}$$

Dabei ist $\underline{n}_n(t)$ das additive mittelwertfreie komplexe Gauß'sche Rauschen mit der Varianz σ^2. Im allgemeinen Fall ist in einem System außer dem weißen Rauschen $\underline{n}_n(t)$ auch die korrelierte Interferenz an der einzelnen Empfangsantenne vorhanden.

Für die einzelnen Kanalimpulsantworten $\underline{h}_{nm}(\tau, t)$ gelten alle in Absatz 3.2 beschriebenen Zusammenhänge sowie die im folgenden Absatz beschriebenen Kenngrößen.

3.3.2 Kenngrößen eines MIMO-Kanals

Die Qualität des MIMO-Übertragungskanals wird durch die Kanalkapazität charakterisiert. Dabei handelt es sich um eine Erweiterung der Kapazität eines SISO (engl. *single input single output*) Übertragungskanals nach Shannon [Sha48]

$$C = \log_2 (1 + \rho) = \log_2 \left(1 + \frac{P_{\mathrm{T}} |\underline{H}|^2}{\sigma^2} \right), \tag{3.28}$$

wobei P_{T} für die Sendeleistung und ρ für das Signal-zu-Rausch-Verhältnis am Empfänger steht. Sie gibt an wie hoch die maximale Transinformation (engl. *mutual information*) ist, die über einen Kanal fehlerfrei übertragen werden kann. Im Weiteren wird die auf die Bandbreite bezogene Kapazität in Bit/s/Hz angegeben.

Für einen interferenzfreien MIMO-Kanal gilt [FFLV01, Wal04, Por05, Füg09]:

$$C = \max_{\underline{\mathbf{R}}_{\mathbf{xx}}:\mathrm{tr}(\underline{\mathbf{R}}_{\mathbf{xx}})\leq P_{\mathrm{T}}} \log_2 \det\left(\mathbf{I} + \frac{\underline{\mathbf{H}}\underline{\mathbf{R}}_{\mathbf{xx}}\underline{\mathbf{H}}^{\dagger}}{\sigma^2}\right) \tag{3.29}$$

Dabei ist $\underline{\mathbf{R}}_{\mathbf{xx}}$ die Kovarianzmatrix der Sendesignale $\underline{\mathbf{R}}_{\mathbf{xx}} = E\{\underline{\mathbf{x}}\underline{\mathbf{x}}^{\dagger}\}$. Die Diagonalelemente von $\underline{\mathbf{R}}_{\mathbf{xx}}$ entsprechen den Sendeleistungen der einzelnen Antennenelemente. Die Maximierung des Ausdrucks in (3.29) erfolgt über eine optimale Leistungszuweisung zu den einzelnen Antennen. Diese kann mit dem Waterfilling Algorithmus [RC98, Tel99, Por05, Füg09] bei einer vollständigen Kanalkenntnis am Empfänger erreicht werden. Da nur selten Kanalkenntnis am Sender vorliegt, wird oft die Leistung gleichmäßig auf die Antennen verteilt.

Die Sendesignalkovarianzmatrix beinhaltet die Verteilung der Sendeleistung auf einzelne Subkanäle. Ihre Spur (die Summe der Elemente der Hauptdiagonalen) entspricht der Gesamtleistung P_{T}. Ist der Kanal am Sender nicht bekannt, wird die Sendeleistung auf allen Sendeantennen gleich verteilt:

$$\underline{\mathbf{R}}_{\mathbf{xx}} = \frac{P_{\mathrm{T}}}{M}\mathbf{I} \tag{3.30}$$

Ohne Interferenz ist das Rauschsignal an allen Empfangsantennen voneinander unabhängig. Die Kovarianzmatrix nimmt in einem solchen Fall eine diagonale Form an:

$$\underline{\mathbf{R}}_{\mathbf{zz}} = \sigma^2\mathbf{I} \tag{3.31}$$

Daraus ergibt sich für einen interferenzfreien Kanal und eine uniforme Leistungsverteilung die aus [FG98] bekannte Kapazitätsformel:

$$C = \log_2 \det\left(\mathbf{I} + \frac{P_{\mathrm{T}}}{\sigma^2 M}\underline{\mathbf{H}}\underline{\mathbf{H}}^{\dagger}\right) \tag{3.32}$$

Bei breitbandigen bzw. frequenzselektiven Kanälen wird die Bandbreite in N_{F} schmalere, nicht frequenzselektive Subbänder aufgeteilt und die Kapazität über die einzelne Subbänder gemittelt [PNG03]:

$$C = \frac{1}{N_{\mathrm{F}}} \sum_{i_f=1}^{N_{\mathrm{f}}} \log_2 \det\left(\mathbf{I} + \frac{P_{\mathrm{T}}}{\sigma^2 M}\underline{\mathbf{H}}(f_{i_{\mathrm{f}}})\underline{\mathbf{H}}(f_{i_{\mathrm{f}}})^{\dagger}\right) \tag{3.33}$$

4 Richtungsaufgelöste Kanalmessungen

Das Ray-Tracing Modell gilt als das recheneffektivste deterministische Wellenausbreitungsmodell. Zudem hat es sich in Outdoor-Kommunikationsszenarien als sehr genau erwiesen. Daher liegt die Anwendung für Indoor-UWB-Szenarien nahe. Allerdings wird in der Literatur berichtet, dass das Ray-Tracing Modell die Ausbreitung in Innenräumen in Bezug auf den Kanalgewinn, die Impulsverbreiterung und die Winkelspreizung für ultrabreitbandige Kanäle unterschätzt [JEPK06, LGBS06, Nas08].

Um den Simulationsfehler näher zu untersuchen, wurden im Rahmen dieser Arbeit mehrere Kanalmessungen durchgeführt. Beim Vergleich wird sowohl die Kanaldämpfung und Frequenzvarianz als auch die Richtungsselektivität des Kanals untersucht. Um die Einfallsrichtungen der einzelnen Wellen aus den gemessenen Signalen zu bestimmen ist ein Schätzverfahren notwendig. Das Ziel eines solchen Schätzverfarens ist die Extraktion der einzelnen Pfade und Bestimmung deren Eigenschaften.

Dieses Kapitel gibt zunächst einen Überblick über gängige Methoden zur breitbandigen Kanalmessung sowie über die etablierten Schätzverfahren zur Gewinnung der Richtungseigenschaften. Dabei wird das in dieser Arbeit verwendete Sensor-CLEAN Verfahren erläutert und anhand von Ray-Tracing Simulationen validiert. Absatz 4.3 stellt das für die Messungen verwendete Messequipment vor und Absatz 4.4 beschreibt die in dieser Arbeit betrachteten Szenarien. In Absatz 4.5 sind die Ergebnisse des Vergleichs zwischen Simulation und Messung gezeigt und die Ursachen der Ungenauigkeiten diskutiert.

4.1 Methoden zur breitbandigen Kanalmessung

Eine breitbandige Kanalmessung kann sowohl im Zeit- als auch im Frequenzbereich durchgeführt werden [Mol05]. Die einfachste Messmethode im Zeitbereich ist das Pulsmessverfahren [SV87]. Am Sender wird ein Puls erzeugt und am Empfänger mit Hilfe eines Abtastoszilloskopes wird das gesendete Signal gemessen. Für das in dieser Arbeit untersuchte Frequenzband muss die Pulsdauer in der Größenordnung von 0,1 ns sein. Da die Erzeugung eines solchen Pulses mit ausreichender Amplitude nicht trivial ist, gibt es im Moment auf dem Markt nur wenige Geräte, die für Kanalmessungen im FCC-Band geeignet sind. Zusätzlich ist der Rauschpegel relativ hoch, da über ein sehr breites Band gemessen wird. Ein Vorteil dieser Methode ist, dass sie Messungen in Echtzeit ermöglicht.

Eine weitere Methode nutzt das Korrelationsmessverfahren, in dem ein breitbandiges Signal mit einem niedrigem Scheitelfaktor (engl. *peak-to-average ratio*) gesendet wird [STS+02]. Am Empfänger wird die Kreuzkorrelation zwischen dem empfangenen Signal und dem Mustersignal berechnet. Wenn die Autokorrelation des Mustersignals einem Dirac-Impuls entspricht, was bei Pseudo-Rausch Folgen (engl. *Pseudo-Noise*, PN) der Fall ist, ist die Kanalimpulsantwort gut durch die Kreuzkorrelationsfunktion angenähert. Die Bandbreite eines solchen Messsystems ist von der Chipdauer der PN-Folge bestimmt. Da die Erstellung einer Sequenz mit sehr kurzen Chips technisch schwierig ist, ist die Bandbreite der heutzutage verfügbaren Systeme auf ca. 6 GHz begrenzt. Dafür ermöglichen solche Systeme Echtzeitmessungen bei einem wesentlich besseren Dynamikbereich als bei Pulsmessverfahren.

Die Kanalmessungen können auch im Frequenzbereich mit Hilfe eines vektoriellen Netzwerkanalysators (VNWA) durchgeführt werden. In diesem Fall wird die komplexe Übertragungsfunktion des Kanals für mehrere diskrete Frequenzen abgetastet und anschließend mit der inversen Fourier-Transformation in den Zeitbereich überführt. Dabei ist der Abstand zwischen den einzelnen Frequenzen ausschlaggebend für den Eindeutigkeitsbereich der Messung: $\tau_{max} = 1/\Delta f$. Diese Methode ist nur zur Messung von stationären Kanälen geeignet, da die Erfassung der Daten nicht instantan erfolgt. Diese Bedingung ist in den in dieser Arbeit betrachteten Szenarien erfüllt.

Ein Vorteil der Frequenzbereichsmethode gegenüber den anderen oben genannten Verfahren ist ihr besserer Dynamikbereich und die einfachere Systemkalibration (Entfaltung der Frequenzgänge der Kabel und Verstärker), da alle benötigten Übertragungsfunktionen bereits im Frequenzbereich vorliegen. Zudem ist diese Methode sehr gut zum Vergleich mit Ray-Tracing Ergebnissen geeignet, da diese auch im Frequenzbereich vorliegen. Deshalb wird diese Methode für die im Folgenden beschriebene Messungen angewendet.

4.2 Schätzung der richtungsaufgelösten Kanäle

Eine klassische Punkt-zu-Punkt Kanalmessung ermöglicht die Abschätzung der Dämpfung und der zeitlichen Eigenschaften des Signals. Die Charakterisierung der Richtungseigenschaften des Kanals ist dagegen nicht möglich. Die Bestimmung der Einfalls- bzw. Ausfallswinkel der Ausbreitungswege ist am einfachsten, durch mechanische Rotation einer direktiven Antenne zu erreichen [SRJJ97, Zwi00, Sör07]. Obwohl die Auflösung dieser Methode begrenzt ist, ist das die einzige Methode welche die Richtungsschätzung von stark gedämpften Pfaden ermöglicht.

Eine Alternative dazu ist die Messung mit einem reellen oder synthetischen Antennenarray. Die Richtungen der einzelnen Pfade können dann aus den Phasen- bzw. Laufzeitdifferenzen der Signale an den einzelnen Arrayelementen ermittelt werden. Für die Ermittlung der Einfallswinkel mit Hilfe eines Arrays für schmal- und breitbandige Systeme wurden eine ganze Reihe an Verfahren veröffentlicht. Diese Verfahren können grob in drei Gruppen eingeteilt werden: Maximum-Likelihood Verfahren z.B. SAGE (engl. *space-alternating generalized expectation-maximization*) [FTH+99], Subraum Verfahren wie z.B. MUSIC (engl. *multiple signal classification technique*) [Sch86] oder ESPRIT (engl. *estimation of signal parameters via rotational invariance techniques*) [HN95, RK89] und Beamforming Verfahren [FSB08].

Die Maximum-Likelihood und Subraum Verfahren bieten die höchste Auflösung. Weil sie im Frequenzbereich implementiert sind, sind sie aber zur Schätzung der ultrabreitbandigen Kanäle nur bedingt geeignet. Um die Verfahren wie SAGE [HT03] oder ESPRIT [ZBME08] für ultrabreitbandige Kanäle zu verwenden, muss das betrachtete Frequenzband in schmalere Teilbänder aufgeteilt werden. Durch diese Aufteilung steigt allerdings auch der zur Schätzung notwendige Rechenaufwand, da eine mehrfache Ausführung der Algorithmen notwendig ist.

Ferner gehen diese Schätzverfahren von einem ebenen Welleneinfall auf dem Array aus. Das bedeutet, dass alle Reflexions- und Beugungspunkte, an denen die Wellen mit dem Szenario interagieren, sich im Fernfeld des Arrays befinden müssen. In Indoor-Szenarien ist diese Bedingung in dem betrachteten Frequenzband nicht immer erfüllt. Liegen die Interaktionspunkte im Nahfeld, ist die Wellenfront auf dem Array gekrümmt und die Phasendifferenz zwischen benachbarten Elementen unterschiedlich. Dies führt zu beachtlichen Fehlern in der Richtungsschätzung.

Obwohl dieses Problem die meisten Messungen in Indoor-Szenarien betrifft, wurden bisher nur wenige Lösungsansätze publiziert. In [HTK04] wurde eine sphärische Wellenfront in das SAGE Verfahren integriert und in [CS96] wurde eine Methode zur Richtungsschätzung der Nahfeldquellen mit Hilfe von ESPRIT beschrieben. Dabei werden die Nahfeldquellen in äquivalente Fernfeldquellen transformiert. Allerdings ist diese Methode zum Schätzen der Einfallsrichtungen sehr vieler Wellen nicht geeignet [Göt10].

Ein weiterer Nachteil der Maximum-Likelihood und Subraum Verfahren ist, dass die Anzahl der zu schätzenden Pfade *a priori* bekannt sein bzw. zusätzlich geschätzt werden muss, was zu weiteren Fehlern führt.

Im Gegensatz dazu, ist bei dem auf Beamforming basierten Sensor-CLEAN Algorithmus [Cra00, CSW02] die Kenntnis der Anzahl der Pfade nicht notwendig. Diese Methode kann sowohl im Frequenz- als auch im Zeitbereich implementiert werden, dadurch ist sie für ultrabreitbandige Kanäle gut geeignet. Auch dieses Verfahren setzt einen ebenen Welleneinfall voraus, ist aber z.B. im Vergleich zu ESPRIT wesentlich robuster gegen Krümmungen der Wellenfront. Die Auflösung dieses Algorithmus ist prinzipiell geringer als die des

Maximum-Likelihood und Subraum Verfahrens aber für Bedürfnisse dieser Arbeit ausreichend.

Aus diesen Gründen wird im Folgenden das Sensor-CLEAN Verfahren zur Richtungsschätzung verwendet. In einigen Szenarien, in der auch stark gedämpfte Pfade von Interesse sind wird zusätzlich die Rotationsmethode eingesetzt. In den folgenden Absätzen werden die beiden Methoden näher erläutert.

4.2.1 Rotationsmethode

Bei der Rotationsmethode wird eine stark direktive Antenne mechanisch rotiert. Dadurch werden die Mehrwegebeiträge, die am Empfänger aus der Hauptrichtung der Antenne ankommen verstärkt. Die Beiträge aus anderen Richtungen werden dagegen gedämpft. Die Winkelauflösung dieser Methode ist zunächst durch die Halbwertsbreite der Antenne begrenzt, kann aber durch Entfaltung der richtungsabhängigen Kanalimpulsantwort der Antenne [Sör07] oder durch Anwendung des CLEAN Verfahrens verbessert werden [SRJJ97, AMC⁺09]. Da ein dreidimensionaler Aufbau technisch sehr anspruchsvoll wäre, wird diese Methode in der Praxis nur für Messungen in einer Ebene verwendet.

4.2.2 Sensor-CLEAN Schätzverfahren

Das Sensor-CLEAN Verfahren [Cra00, CSW02] basiert auf dem aus der Radioastronomie bekannten CLEAN Entfaltungsverfahren [Hög74], das mit einem Beamforming Ansatz kombiniert wird. Für diese Arbeit wurde eine Zeitbereichsimplementierung des Beamformingansatzes gewählt, da sie für ultrabreitbandige Signale vorteilhaft ist. Es wird dabei die Tatsache ausgenutzt, dass ein Puls an verschiedenen Arrayelementen mit unterschiedlichen Laufzeiten ankommt. Dies ist in Bild 4.1 dargestellt.

Die Richtungsschätzung funktioniert wie folgt:

1. Für jede Kombination k der diskreten Winkelwerte für Azimut ψ_k und Elevation θ_k wird die Verzögerung berechnet, mit der ein Puls an den einzelnen Arrayelementen $l = 1 \ldots L$ ankommt:

$$\tau_l = \Delta_{x_l} \cos(\theta_k) \cos(\psi_k) + \Delta_{y_l} \cos(\theta_k) \cos(\psi_k) + \Delta_{z_l} \sin(\theta_k) \qquad (4.1)$$

Dabei kennzeichnen Δ_{x_l}, Δ_{y_l} und Δ_{z_l} den Abstand des l-ten Elements zum Referenzelement in $x-$, $y-$ und $z-$ Richtung.

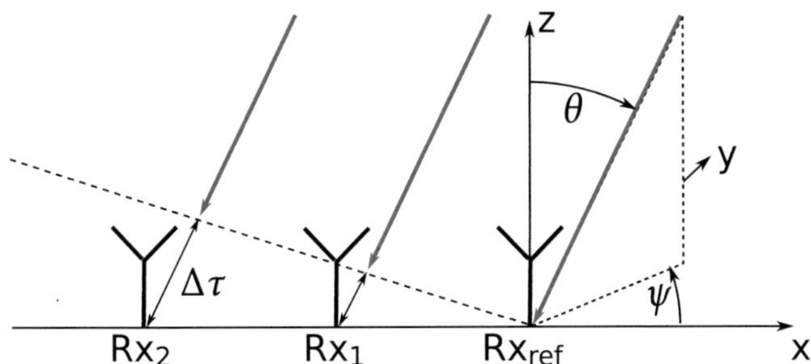

Bild 4.1: Einfall einer planaren Wellenfront auf ein Array

2. Die Amplituden der Signale der einzelnen Arrayelemente $s_l(t)$ werden anschließend um die berechneten Verzögerungszeiten verschoben und aufsummiert:

$$y_k(t) = \frac{1}{L} \sum_{l=1}^{L} s_l(t - \tau_l) \qquad (4.2)$$

Dadurch entsteht eine Matrix $\mathbf{y}(t) = [y_1(t)^{\mathrm{T}}, \ldots, y_L(t)^{\mathrm{T}}]^{\mathrm{T}}$, deren Zeilen die zeitabhängigen Ausgangssignale des Beamformers für alle Winkelkombinationen k beinhalten.

3. Das größte Signal der Matrix $\mathbf{y}(t)$ wird identifiziert

$$k_{\mathrm{i}} = \mathrm{argmax}_{1 \leq k \leq K} |\mathbf{y}(t)| \qquad (4.3)$$

und seine Verzögerung τ_{i}, Amplitude a_{i} sowie die Winkel θ_{i} und ψ_{i} werden zur Detektionsliste hinzugefügt.

4. Für jedes Arrayelement wird ein Zeitfenster der Breite W mit Berücksichtigung der ermittelten Winkel um den gefundenen Puls berechnet. Anschließend wird der gefundene Puls in den Signalen $s_l(t)$ ausgeblendet.

5. Schritte 2 bis 4 werden so lange wiederholt bis die Amplitude a_{i} um einen vorgegebenen Faktor T_{dyn} kleiner ist als die Amplitude des stärksten Pfades a_1. Dabei ist T_{dyn} so zu wählen, dass es kleiner als das Signal-zu-Rausch-Verhältnis des Signals ist.

Durch das sukzessive Löschen der Pulse aus den Eingangssignalen ist die Konvergenz des Verfahrens sichergestellt. Anderseits wird dadurch die Detektion der Signale erschwert, welche aus verschiedenen Winkeln aber zum gleichen Zeitpunkt beim Array ankommen. Bei gleich verzögerten Signalen, wird oftmals nur das stärkere Signal richtig geschätzt.

Das Ergebnis der Schätzung ist von den Eigenschaften des Arrays, d.h der Anzahl und der Platzierung der Elemente und den gewählten Parameter W und T_{dyn} abhängig. Im folgenden Abschnitt wird der Einfluss einiger dieser Größen auf das Schätzergebnis näher untersucht.

4.2.3 Bestimmung der optimalen Arraykonfiguration

Zunächst wird eine optimale Arraykonfiguration zur Schätzung von Kanalparametern in den betrachteten Szenarien ermittelt. Für diesen Zweck wird der Algorithmus für unterschiedliche Arraygrößen und Elementabstände in einem Szenario mit mehreren zufällig verteilten Quellen getestet. Azimut ψ, Elevation θ und Entfernung der Quellen zum Array d werden zufällig mit einer uniform Verteilung in folgenden Grenzen: $\psi = [0°, 360°)$, $\theta = [0°, 90°]$, $d = [1, 20]$ m generiert. Da die in dieser Arbeit verwendete Arrays in der $x-y$-Ebene ausgerichtet sind, ist eine eindeutige Schätzung der Elevation nicht möglich. D.h. der Schätzalgorithmus kann nicht feststellen ob der Pfad von oberhalb oder von unterhalb des Arrays ankommt. Um dennoch eindeutige Ergebnisse in der Testphase zu bekommen wird hier die Elevation zu den Winkeln oberhalb des Arrays begrenzt.

Es werden insgesamt 100 Realisierungen mit 25 Quellen generiert. Für jede Realisierung werden die Elementanzahl von 2×2 bis 7×7 und die Abstände Δ_x und Δ_y zwischen den Elementen von 3, 6 und 9 cm verwendet und Empfangssignale an allen Arrayelementen berechnet. Dabei werden unter Annahme der Freiraumausbreitung die Beiträge jeder einzelnen Quelle an jedem Arrayelement berechnet und kohärent aufsummiert wodurch man das Gesamtsignal erhält.

Anschließend wird die Pfadschätzung mit dem Sensor-CLEAN Algorithmus durchgeführt. Der Algorithmus wird dabei mit folgenden Werten initialisiert: $W = 0, 371$ ns, $T_{dyn} = 30$ dB, $\psi \in [0°, 360°)$ mit einer Auflösung von 1 Grad und $\theta \in [0°, 90°]$ mit einer Auflösung von 5 Grad initialisiert.

Obwohl bei der Elevationsschätzung nicht zwischen den Winkeln oberhalb und unterhalb des Arrays unterschieden werden kann, hilft die dreidimensionale Winkelschätzung die richtige Position des Fensters zum Ausblenden von Pulsen aus den Eingangsdaten zu ermitteln. Dazu ist nur der Betrag des auf die Arrayebene bezogenen Elevationswinkels notwendig. Deshalb wird der Elevationswinkel auch geschätzt, auch wenn er bei dem Vergleich zwischen Simulationen und Messungen nicht ausgewertet wird.

Um die Größenordnung des Schätzfehlers zu bestimmen, werden die Schätzergebnisse den simulierten Datensätzen folgendermaßen zugewiesen: Für jeden simulierten Beitrag, beginnend mit dem stärksten, wird die Menge der geschätzten Pfade identifiziert, für welche die maximale Abweichung gegenüber dem simulierten Pfad in Azimut 30 Grad, in der Leistung 10 dB und in der Entfernung 2 m beträgt.

In den meisten Fällen liefert der Durchschnitt dieser drei Mengen nur ein geschätztes Element, das dem simulierten Pfad zugewiesen wird. Liefert der Durchschnitt mehrere Elemente, wird der geschätzte Pfad mit der geringsten Abweichung in der Pfadleistung dem simulierten Pfad zugewiesen. Die Elevation wird bei der Zuordnung vernachlässigt, weil sie mit dem größten Fehler behaftet ist. Der absolute Fehler zwischen den geschätzten ($\hat{X}$) und simulierten Größen (X) wird für jede der vier Pfadeigenschaften folgendermaßen bestimmt:

$$F_{X=\psi,\theta,\tau,\mathrm{P},\mathrm{abs}} = X - \hat{X} \tag{4.4}$$

Zusätzlich wird die Anzahl der simulierten Pfade ermittelt, welchen kein geschätzter Beitrag zugewiesen werden konnte.

Die über alle Realisationen gemittelten Fehler in Azimut, Elevation, Pfadleistung und Entfernung sowie die Anzahl der nicht geschätzten Pfade und die Berechnungszeiten sind in Bild 4.2 dargestellt. Der mittlere Fehler sinkt generell mit steigender Anzahl an Arrayelementen, steigt aber wieder für große Arrayausdehnungen. Das bestimmt die Arrayausdehnung, ab welcher die Krümmung der Wellenfront nicht mehr vernachlässigt werden kann. Die besten Ergebnisse wurden für ein 7×7 Array mit 3 cm Abstand erreicht.

Darüber hinaus sinkt die Anzahl der nicht geschätzten Pfade mit steigendem Abstand zwischen den Arrayelementen. Durch die größeren Abstände sind die Laufzeitunterschiede an den einzelnen Elementen größer. Dadurch kann besser zwischen den Pfaden mit ähnlichen Laufzeiten aber unterschiedlichen Einfallswinkeln unterschieden werden, was sich in einem besseren Schätzergebnis auswirkt.

Die Berechnungszeiten steigen exponentiell mit der Anzahl der Elemente und geringfügig mit dem Abstand zwischen den Elementen. Das liegt daran, dass für kleine Elementabstände die Unterschiede zwischen den Zeitverschiebungen für zwei benachbarte diskrete Winkelwerte sehr gering werden. Liegt der Unterschied unter der Dauer eines Abtastwertes des Empfangssignals werden die zwei Winkelkombinationen mit einem Beamformer abgedeckt, dessen Ausgangssignal dann nur einmal berechnet wird.

Daraus ergibt sich ein Kompromiss zwischen der Berechnungszeit und der Genauigkeit der Schätzung. Anhand dieser Ergebnisse wird die 4×4 Arraykonfiguration mit dem Elementenabstand $\Delta_{\mathrm{x,y}} = 6$ cm für die Prozessierung der Mess- und Simulationsergebnisse gewählt. Diese Arraygröße zeigt die besten Schätzergebnisse bei einer noch akzeptablen Berechnungszeit. Zusätzlich ist in dieser Konfiguration der Einfluss, der in den betrachteten Szenarien zu erwartenden Wellenfrontkrümmung, vernachlässigbar. Der Beitrag zum Fehler durch diese Wellenfrontkrümmung für die Quellen, die im Nahfeld des Arrays platziert sind, liegt unter 1 Grad. Das ist wesentlich geringer als der Fehler durch die diskrete Abtastung des Winkelraums durch den Sensor-CLEAN Algorithmus.

4.2.4 Verifikation der Schätzmethode anhand von Ray-Tracing Simulationen

Bisher wurden die Signalquellen im Raum als gleichverteilt angenommen. In realen Indoor-Szenarien treten jedoch Vorzugsrichtungen auf, aus welchen mehrere Pfade gebündelt am

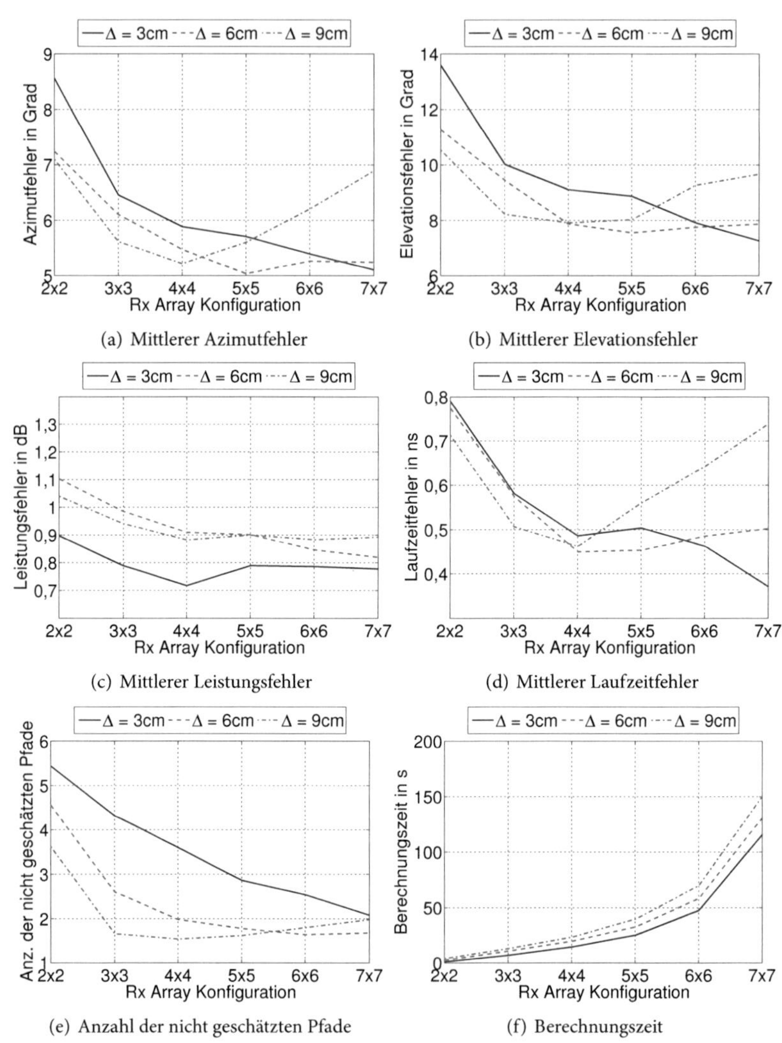

(a) Mittlerer Azimutfehler

(b) Mittlerer Elevationsfehler

(c) Mittlerer Leistungsfehler

(d) Mittlerer Laufzeitfehler

(e) Anzahl der nicht geschätzten Pfade

(f) Berechnungszeit

Bild 4.2: Betrag des mittleren Schätzfehlers für 25 Pfade bei unterschiedlichen Konfigurationen des Empfangsarrays. Die Arraygröße wird zwischen 2×2 und 7×7 Elementen variiert und der Abstand zwischen den Elementen Δ wird zwischen 3 und 9 cm variiert

Empfänger ankommen. Um die Genauigkeit des Schätzverfahrens in solchen realen Szenarien zu ermitteln, wird hier auf Ray-Tracing Simulationen zurückgegriffen.

Dafür werden in einem ca. 11 m × 6 m großen Raum (Szenario 3, siehe Absatz 4.4) ein fester Sender an der Position Tx_1 = (0.50, 3.13, 1.68) m und mehrere zufällig im Raum verteilte Empfängerarrays simuliert.

Da in den hier untersuchten Indoor-Szenarien die auf die Arrayebene bezogene Elevation ϑ der meisten Beiträge zwischen $\vartheta = -20°$ und $\vartheta = +20°$ liegt, wird die Auflösung des Elevationsvektors, der zur Initialisierung des Sensor-CLEAN Verfahrens genutzt wird, außerhalb dieses Bereichs verringert. Damit ergeben sich für alle folgenden Untersuchungen die in Tabelle 4.1 angegebenen Parameter des Sensor-CLEAN Verfahrens.

Parameter	Wert
Azimutswinkel in Grad	0–360 mit 1° Auflösung
Elevationswinkel in Grad	0–90 mit 5 bzw. 10° Auflösung
Dynamikbereich T_{dyn} in dB	30
Fensterbreite W in ns	0,371

Tabelle 4.1: Parameter zur Initialisierung des Sensor-CLEAN Algorithms

Das Ray-Tracing Modell liefert die vollständige Pfadinformation inklusive der Einfallswinkel am Empfänger und der Laufzeiten der Pfade. Zu dem liefert es die Übertragungsmatrix jedes Pfades. Um daraus die Amplitude eines Pfades zu ermitteln, wird die Inverse Fourier-Transformation für jeden Pfad getrennt durchgeführt. Das Maximum des resultierenden Zeitsignals wird mit der durch den Sensor-CLEAN geschätzten Amplitude verglichen. In Bild 4.3 sind zwei Beispielergebnisse der Schätzung dargestellt. Links ist der Azimut-Elevation-Leistung-Raum und rechts der Azimut-Verzögerungszeit-Leistung-Raum abgebildet. Die simulierten Pfade sind mit den Kreisen und die geschätzten Pfade mit den Kreuzen gekennzeichnet.

Diese Beispiele zeigen, dass der Azimutwinkel, die Laufzeit und die Leistung der meisten Pfade korrekt geschätzt werden. Dabei sind die Schätzfehler der stärksten Pfade am geringsten. Wegen der zur Initialisierung gewählten Auflösung für Elevationswinkel ergeben sich bei der Elevationschätzung größere Abweichungen.

Da bei den sehr nah aneinander liegenden Pfaden eine fehlerfreie Zuordnung der simulierten und geschätzten Pfade wesentlich schwieriger ist, wird die Güte der Schätzung hier anhand von der am Empfänger ermittelten Winkelspreizung in Azimut σ_{ψ_R} und des mittleren Azimutwinkels μ_{ψ_R} bestimmt. Die direkt aus den Ray-Tracing Daten und aus der Schätzung ermittelten Werte für die beiden in Bild 4.3 gezeigten Szenarien sind in Tabelle 4.2 angegeben.

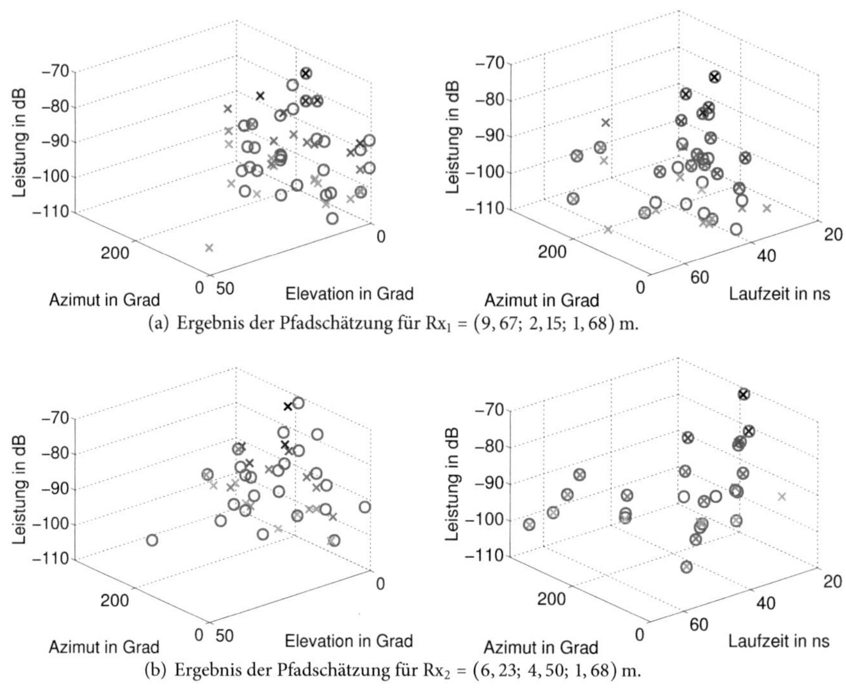

(a) Ergebnis der Pfadschätzung für $Rx_1 = (9,67;\ 2,15;\ 1,68)$ m.

(b) Ergebnis der Pfadschätzung für $Rx_2 = (6,23;\ 4,50;\ 1,68)$ m.

Bild 4.3: Ergebnis der Pfadschätzung für eine Ray-Tracing Simulation mit einem 4×4 Rx-Array mit $\Delta_x = \Delta_y = 6$ cm. Die Position des Senders ist $Tx_1 = (0,50;\ 3,13;\ 1,68)$ m. 'o' kennzeichnet die simulierte und 'x' die geschätzte Position der Quellen

Szenario	$\mu_{\psi_R,RT}$ in Grad	$\mu_{\psi_R,CLEAN}$ in Grad	$\sigma_{\psi_R,RT}$ in Grad	$\sigma_{\psi_R,CLEAN}$ in Grad
Rx_1	174,04	175,03	18,21	18,70
Rx_2	191,29	192,50	11,57	12,31

Tabelle 4.2: Simulierte und geschätzte Werte des mittleren Winkels μ_{ψ_R} und der Winkelspreizung σ_{ψ_R} für die beiden Szenarien aus Bild 4.3 in Grad

Die Abweichungen zwischen den simulierten und geschätzten Werten liegen unter 1 Grad für die Winkelspreizung und unter 2 Grad für den mittleren Winkel, was eine sehr gute Qualität der Schätzung zeigt. Die Simulationen wurden für insgesamt 100 zufällige Positionen im Raum durchgeführt. Tabelle 4.3 zeigt den sich daraus ergebenden Mittelwert μ_F und die Standardabweichung σ_F des absoluten Fehlers nach (4.4) bezüglich der Winkelspreizung und des mittleren Winkels für Azimut und Elevation.

	$F_{\mu_{\psi_\mathrm{R}}}$ in Grad	$F_{\sigma_{\psi_\mathrm{R}}}$ in Grad	$F_{\mu_{\theta_\mathrm{R}}}$ in Grad	$F_{\sigma_{\theta_\mathrm{R}}}$ in Grad
μ_F	-0,33	0,07	-4,62	-0,32
σ_F	2,27	3,23	3,58	1,72

Tabelle 4.3: Mittelwert μ_F und Standardabweichung σ_F des Fehlers der Winkelspreizung $\sigma_{\psi/\theta}$ und des mittleren Winkels $\mu_{\psi/\theta}$ in Grad

Die Übereinstimmung der Azimutwerte ist hervorragend. Die Elevationswerte weisen dagegen etwas höhere Abweichung auf, werden allerdings im Folgenden nicht ausgewertet. Insgesamt bestätigen die Ergebnisse die Eignung der Sensor-CLEAN Methode zur Schätzung der UWB-Kanäle.

4.3 Messsystem

Zur Verifikation des Ray-Tracing Modells für die Kanalprediktion in Indoor UWB-Szenarien wurden mehrere richtungsaufgelöste Messungen durchgeführt. Das dafür verwendete Messsystem ist eine Erweiterung der in [Sör07] vorgestellten Anordnung für UWB-Messungen und ist in Bild 4.4 schematisch dargestellt. Es umfasst einen Agilent 8722D Netzwerkanalysator (VNWA), einen rauscharmen Empfangsvorverstärker (LNA, engl. *low noise amplifier*) einen Positionierer sowie die ultrabreitbandigen Antennen.

Mit Hilfe des Netzwerkanalysators wird der komplexe Transmissionskoeffizient $\underline{S}_{21}$ im Frequenzband 2,5 - 12,5 GHz gemessen. Dabei werden 801 Frequenzpunkte abgetastet. Daraus resultiert eine maximal messbare Zeitverzögerung von 80 ns die der Entfernung von 24 m entspricht. Die Sendeleistung liegt bei -5 dBm. Auf der Empfangsseite wird ein rauscharmer Verstärker der Firma Miteq mit einem konstanten Gewinn von 28 dB im ganzen untersuchten Frequenzband verwendet.

Um den Einfluss der Kabel und Stecker zu minimieren, wird vor jeder Messung eine OSLT Kalibration (engl. *open short load through*) [TWK97] zwischen dem Anschluss der Sendeantenne und dem Anschluss des Empfängsvorverstärkers durchgeführt. Der Verstärker zusammen mit dem Verbindungskabel zur Empfangsantenne wird getrennt mit dem VNWA vermessen. Der sich daraus ergebende Übertragungsfaktor wird von der gemessenen Kanalübertragungsfunktion in der Nachbearbeitung entfaltet.

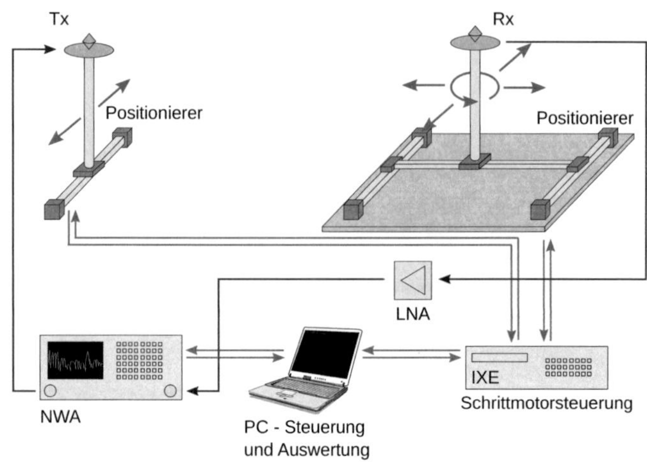

Bild 4.4: Messsystem zur Charakterisierung von UWB-Kanälen

Die Positionen der Sende- und Empfangsantennen werden mittels Schrittmotoren einge-stellt. Das Positioniersystem besteht aus einem rechteckigem Positioniertisch mit den Ab-messungen 1,2 m×0,6 m, einem linearen Positionierer mit einer Länge von 0,51 m und einem Drehtisch. Diese Komponenten können beliebig kombiniert werden. Bei den Messungen mit der Rotationsmethode wird am Empfänger der Drehtisch verwendet. Für das Sensor-CLEAN Verfahren wird hingegen ein synthetisches Array aus den Messpunkten auf dem Positioniertisch erstellt.

Abhängig vom Winkelbestimmungsverfahren werden unterschiedliche Antennen eingesetzt. Bei der Rotationsmethode wird ein stark direktives 8×1 Array von dual-polarisierten 4-El-lipsen-Antennen [AJWZ09, Ada10] verwendet. Bei den mit dem Sensor-CLEAN Verfahren geschätzten Messungen wird dagegen eine omnidirektionale Monokon-Antenne eingesetzt. Einige zusätzliche Messungen (siehe Absatz 6.5) werden mit dual-polarisierten Vivaldi-An-tennen durchgeführt [AZW08]. Alle diese Antennen sind speziell für den Frequenzbereich von 3,1 bis 10,6 GHz entwickelt worden und haben sehr gute transiente Übertragungseigen-schaften. D.h. sie verzerren die abgestrahlten UWB-Pulse nicht. Die genaue Beschreibung der Antennen einschließlich der Richtcharakteristika befindet sich in Anhang A.1.

4.4 Szenarien

Die Messungen werden in drei Büroräumen des IHE-Gebäudes durchgeführt. In Bild 4.5 sind die Grundrisse der Räume dargestellt. In Szenario 1 ist die Anzahl der Gegenstände am kleinsten. Ausser der im Grundriss gekennzeichneten Gegeständen befinden sich im Raum einige Stühle und zwei Topfpflanzen in den beiden Ecken auf der Fensterseite. Im Schrank befinden sich unter anderem kleinere metallische Objekte, welche Reflexionen verursachen können. Szenario 2 beinhaltet wesentlich mehr kleinere Objekte wie Rechner, HF-Geräte, Bücher und Ordner. Im Gegensatz zu Szenario 1 befinden sich hier auf allen Tischflächen mehrere kleine metallische und dielektrische Objekte. In Szenario 3 sind die Tischflächen dagegen frei, es gibt auch keine Pflanzen und im Wandschrank und in den Regalen befinden sich nur Bücher. Entlang der Tischkanten stehen mehrere Stühle.

In den meisten Fällen werden die in Bild 4.5 gekennzeichnete Sende- und Empfangsantennenpositionen betrachtet. Für die Messungen mit der Rotationsmethode in Szenario 1 und bei der Verifikation des hybriden Ray-Tracing/FDTD Modells in Szenario 2 werden abweichende Antennenpositionen verwendet. Diese Antennenkonfigurationen sind in Bild 4.6 gekennzeichnet. Diese Messszenarien werden im Folgenden als Szenario 1a und Szenario 2a referenziert.

Die Räume befinden sich im ersten und im dritten Stockwerk und der Bereich vor den Fenstern ist frei, so dass keine Reflexionen von außerhalb des Gebäudes zu erwarten sind. Die kürzeren Wände sind aus Beton und die hinteren Schrankwände aus Holz. Den in diesem Gebäude durchgeführten Radarmessungen im UWB-Band kann entnommen werden, dass die Dämpfung der Betonwände ausreichend ist, um die Reflexionen außerhalb des Raumes zu unterdrücken [Li09]. Auch die Pfade, welche durch die Wandschränke transmittiert und außerhalb des Raumes reflektiert werden, werden bei dem vierfachen Übergang durch die Holzwände ausreichend gedämpft. Sie können damit in der Simulation vernachlässigt werden. Zudem blieben die Räume während der Messung abgeschlossen, so dass die gemessenen Kanäle als stationär angenommen werden können.

Die Dimensionen und Positionen aller größeren Objekte innerhalb der Räume werden vermessen und in ein digitales Modell übertragen. Da die Modellierung von "mobilen" Objekten wie z.B. Stühlen nur mit einem immensen Aufwand machbar wäre, werden solche Objekte in das Szenariomodell nicht aufgenommen. Auch die Oberflächenmaterialien der einzelnen Objekte wurden aufgezeichnet, um eine Aussage über die Materialparameter treffen zu können. Die in den Simulationen verwendeten Materialparameter wurden anhand der in der Literatur verfügbaren Daten gewählt und sind in Anhang A.2 aufgelistet.

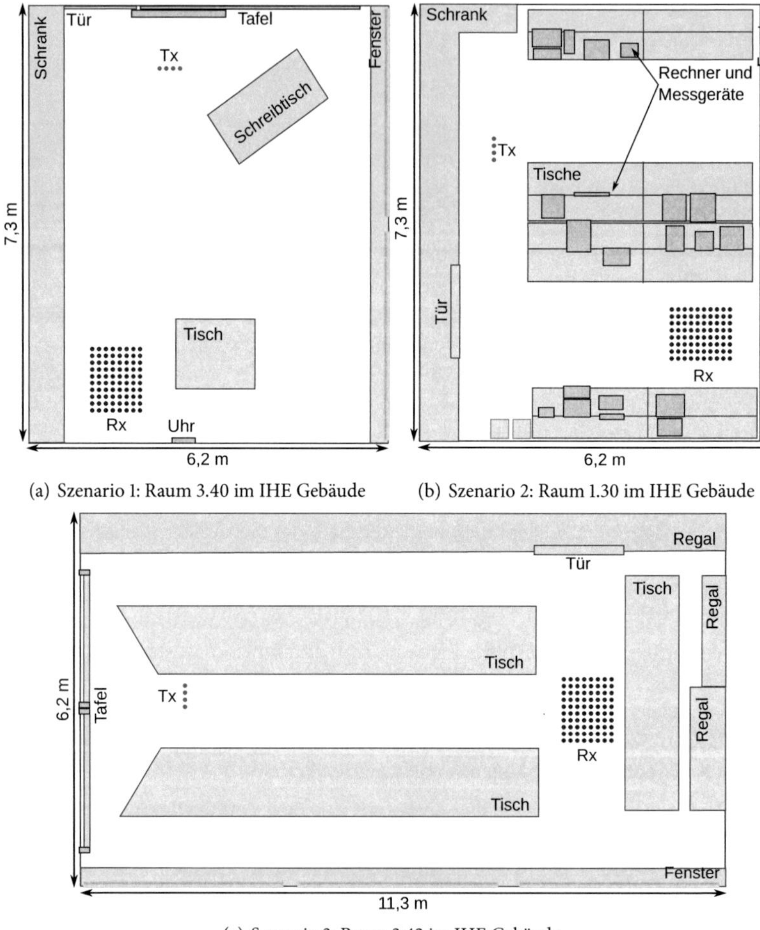

(a) Szenario 1: Raum 3.40 im IHE Gebäude   (b) Szenario 2: Raum 1.30 im IHE Gebäude

(c) Szenario 3: Raum 3.42 im IHE Gebäude

Bild 4.5: Grundrisse der Messszenarien

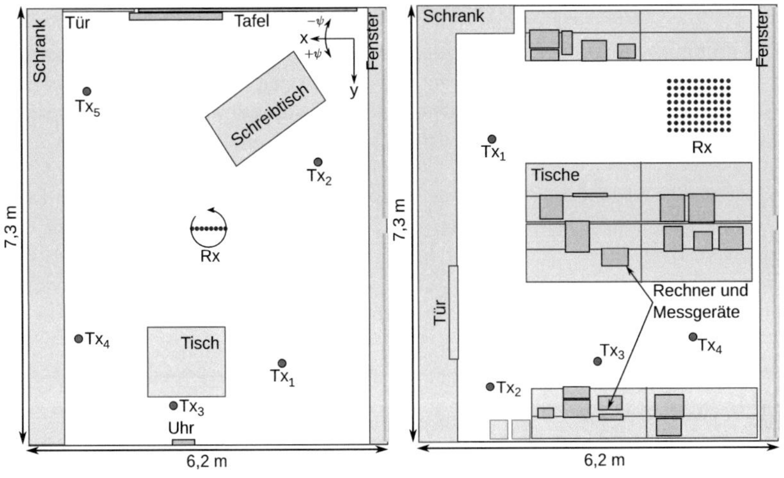

(a) Szenario 1a für Messungen mit der Rotationsmethode - Raum 3.40 im IHE Gebäude

(b) Szenario 2a für Verifikation der hybriden Ray-Tracing/FDTD Methode - Raum 1.30 im IHE Gebäude

Bild 4.6: Platzierung der Antennen in den Szenarien 1a und 2a

4.5 Vergleich zwischen Messungen und Ray-Tracing Simulationen

Zur Verifikation des Ray-Tracing Modells werden die Simulationen in den oben beschriebenen Szenarien mit Messungen verglichen. Der Sender wird dabei auf dem linearen Positionierer platziert und der Empfänger auf dem Positioniertisch. Die Lage der beiden Positionierer sowie die Anfangspositionen des Senders und des Empfängers in allen Räumen können Bild 4.5 entnommen werden. Während der Messungen werden die Übertragungsfunktionen für 4 Positionen der Sendeantenne auf einer Linie und für 861 Positionen der Empfangsantenne auf einem Rechteck mit 21×41 Punkten aufgenommen. Damit wird am Sender ein lineares und am Empfänger ein rechteckiges Array synthetisiert. Insgesamt werden auf diese Weise 3444 Punkte in jedem Szenario vermessen. Der Abstand zwischen den einzelnen Elementen des Sende- und Empfangsarrays beträgt 3 cm.

Für die gleichen Antennenpositionen und unter Berücksichtigung der jeweiligen Antennenrichtcharakteristiken werden die Ray-Tracing Simulationen durchgeführt. Dabei werden immer die gleichen Frequenzpunkte wie bei der Messung abgetastet. Für jeden Frequenzpunkt liefert das Ray-Tracing Modell einen komplexen Übertragungsfaktor. Damit liegen die Ergebnisse der Messung und der Simulation im gleichen Format vor. Die beiden Übertragungsfunktionen werden anschließend mit einem Hamming-Fenster gefiltert und mit Hilfe der inversen Fourier-Transformation in den Zeitbereich transformiert. Aus der so erhaltenen äquivalenten Tiefpass-Kanalimpulsantwort werden die Kanalparameter bestimmt, welche bei der Verifikation als Vergleichsmetriken dienen.

Bei einer großen Anzahl an Simulations- und Frequenzpunkten, ist es nicht praktikabel die Daten zu jedem einzelnen Pfad auszugeben. Die dabei entstehende Datenmenge ist nicht handhabbar. Deshalb werden in allen folgenden Vergleichen die Einfallsrichtungen der simulierten Pfade ebenfalls mittels des Sensor-CLEAN Verfahrens gewonnen. Damit liegt auch in diesem Fall eine identische Prozessierung zu den Messungen vor.

4.5.1 Verwendete Metriken

Um die Güte des Modells zu quantifizieren werden für jeden Vergleichspunkt aus der Messung und aus der Simulation folgende Kanalparamter berechnet und verglichen:

- Funkfelddämpfung D_F welche wie folgt berechnet wird:

$$D_\mathrm{F} = -10\log_{10}\left(\frac{1}{B}\int_{f_\mathrm{min}}^{f_\mathrm{max}}|\underline{H}(f)|^2 df\right) \qquad (4.5)$$

- Impulsverbreiterung σ_τ nach (3.14)

- Azimut-Winkelspreizung am Empfänger $\sigma_{\psi,\mathrm{R}}$ nach (3.19)

- Kapazität eines 4×4 MIMO-Systems ohne Kanalkenntnis am Sender nach (3.32) bei einem Signal-zu-Rauschverhältnis von 10 dB.

Die beiden ersten Kenngrößen charakterisieren einerseits die Kanalimpulsantwort, andererseits sind sie kritisch für jedes Übertragungssystem und sollten daher möglichst realistisch vom Kanalmodell wiedergegeben werden. Die Winkelspreizung und die Kapazität dienen zur Beurteilung der räumlichen Eigenschaften des Kanals. Bei der Berechnung der MIMO-Kapazität wird für jede einzelne Position und jeden einzelnen Frequenzpunkt die MIMO-Übertragungsmatrix mit der Frobenius-Norm normiert. Dadurch ist die frequenzabhängige Funkfelddämpfung aus den Matrizen entfernt. Die so erhaltene Kapazität charakterisiert die räumlichen Korrelationseigenschaften des Kanals.

4.5.2 Vergleichspunkte

Der Lesbarkeit wegen werden die Unterschiede zwischen Simulation und Messung zunächst anhand von nur wenigen Punkten veranschaulicht. Dazu wird die in Bild 4.7 gezeigte rechteckige Strecke entlang der Kanten des Positioniertisches genutzt. Weil zur Berechnung einiger der oben genannten Metriken mehr als ein Messpunkt herangezogen werden muss, werden die Vergleichspunkte wie im Folgenden beschrieben, gewählt. Die Funkfelddämpfung und die Impulsverbreiterung werden direkt für die Vergleichspunkte auf der Empfängerstrecke und für das erste Element des Sendearrays ermittelt.

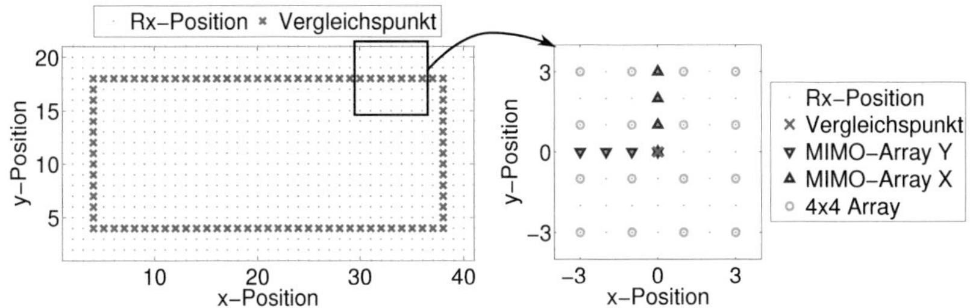

Bild 4.7: Lage der Vergleichspunkte sowie der Arrays für MIMO-Kapazität Berechnung und für Kanalschätzung

Zur Berechnung der Winkelspreizung und der MIMO-Kapazität werden für jeden gekennzeichneten Vergleichspunkt Arrays aus der in Bild 4.7 gekennzeichneten Rx-Positionen synthetisiert. Bei der Berechnung der Winkelspreizung wird auf der Empfängerseite ein 4×4 Array mit einem Elementabstand von 6 cm verwendet. Das entspricht der in Absatz 4.2.3 ermittelten Arraykonfiguration für Pfadschätzung mit dem Sensor-CLEAN Algorithmus. Damit wird zur Synthetisierung des Arrays jede zweite Messposition verwendet. Der Vergleichspunkt befindet sich jeweils in der Mitte dieses Arrays. Als Sender wird hier das erste Element des Sendearrays verwendet.

Die MIMO-Kapazität wird für alle 4 Senderpositionen und jeweils 4 Empfängerpositionen berechnet. Für die Vergleichspunkte entlang der längeren Kante des Positioniertisches (x-Achse) werden die als "MIMO-Array X" gekennzeichneten Punkte verwendet. Dabei ist der Anfang des Arrays immer mit dem jeweiligen Vergleichspunkt identisch und das Ende liegt an der Kante des Positioniertisches. D.h. für die Punkte entlang der rechten Tischkante ($x = 37$) werden die in Bild 4.7 gezeigten Positionen in Bezug auf den Vergleichspunkt gespiegelt. Das gleiche betrifft die Positionen des Arrays für Vergleichspunkte entlang der kürzeren Kante (y-Achse), welche als "MIMO-Array Y" gekennzeichnet sind.

Im Weiteren werden die Abweichungen zwischen Simulation und Messung statistisch charakterisiert. Dabei werden alle innerhalb der in Bild 4.7 gezeichneten Empfängerstrecke liegende Rx-Positionen ausgewertet. Die MIMO-Arrays werden dabei so gewählt, dass sie immer parallel zum Senderarray orientiert sind.

4.5.3 Vergleich von Leistungsverzögerungsspektren und Leistungswinkelspektren

In Bild 4.8 sind die gemessenen und simulierten Leistungsverzögerungs- und Leistungswinkelspektren entlang der im vorherigen Absatz beschriebenen Strecke aus Szenario 1 gezeigt. Die Spektren für die Szenarien 2 und 3 sind in Anhang A.4 dargestellt.

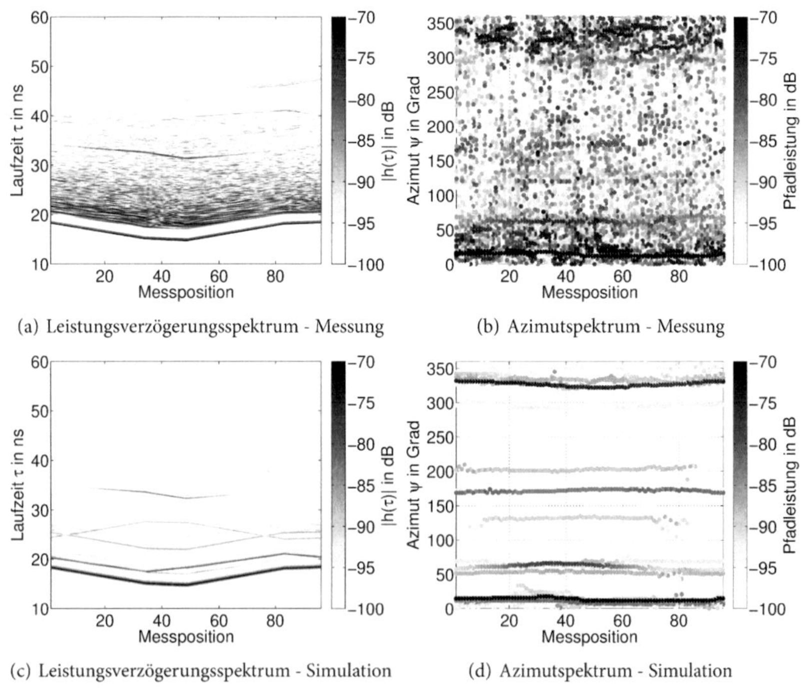

(a) Leistungsverzögerungsspektrum - Messung   (b) Azimutspektrum - Messung

(c) Leistungsverzögerungsspektrum - Simulation   (d) Azimutspektrum - Simulation

Bild 4.8: Leistungsverzögerungsspektren und Azimuthspektren für Szenario 1

In allen simulierten PDPs sind die einzelnen Beiträge sehr markant und gut voneinander separiert. Dagegen zeigen die gemessenen Leistungsverzögerungsspektren einen wesentlich weicheren Abfall. Obwohl die einzelnen Beiträge aus der Simulation erkennbar sind, sind sie begleitet von einer großen Anzahl an zusätzlichen Beiträgen mit ähnlichen Amplituden. Insgesamt beinhalten die gemessenen PDPs wesentlich mehr Mehrwegebeiträge als die simulierten PDPs.

Ein ähnlicher Effekt lässt sich in den Leistungswinkelspektren beobachten. Auch hier bildet die Simulation nur die stärksten Beiträge nach, wobei sowohl der Einfallswinkel dieser Beiträge als auch deren Amplituden sehr gut nachgebildet werden.

4.5.4 Vergleich von Kanalkenngrößen

Im nächsten Schritt werden die in Absatz 4.5.1 genannten Metriken verglichen. Bild 4.9 zeigt den Vergleich der simulierten mit den gemessenen Kenngrößen für Szenario 1. Die entsprechenden Vergleiche für Szenarien 2 und 3 sind in Anhang A.4 zu finden.

Die Mittelwerte μ_F und die Standardabweichungen σ_F der Fehler zwischen der Simulation und Messung sind für alle betrachteten Kenngrößen und Positionen in der Tabelle 4.4 angegeben.

Bewertungsgröße		Szenario 1	Szenario 2	Szenario 3
Funkfelddämpfung	$\mu_{\mathrm{F}_{\mathrm{D_F},\mathrm{abs}}}$	4,34	1,98	3,27
D_F in dB	$\sigma_{\mathrm{F}_{\mathrm{D_F},\mathrm{abs}}}$	0,57	1,25	0,73
Impulsverbreiterung	$\mu_{\mathrm{F}_{\sigma_\tau,\mathrm{abs}}}$	1,70	1,23	1,81
σ_τ in ns	$\sigma_{\mathrm{F}_{\sigma_\tau,\mathrm{abs}}}$	0,78	0,60	0,66
Winkelspreizung	$\mu_{\mathrm{F}_{\sigma_{\psi_\mathrm{R}},\mathrm{abs}}}$	22,35	19,85	4,33
σ_{ψ_R} in Grad	$\sigma_{\mathrm{F}_{\sigma_{\psi_\mathrm{R}},\mathrm{abs}}}$	9,00	7,10	5,16
Kapazität	$\mu_{\mathrm{F}_{\mathrm{C_{4x4}},\mathrm{abs}}}$	1,60	1,23	1,99
$C_{4\mathrm{x}4}$ in Bit/s/Hz	$\sigma_{\mathrm{F}_{\mathrm{C_{4x4}},\mathrm{abs}}}$	0,15	0,20	0,22

Tabelle 4.4: Mittelwerte und Standardabweichungen der absoluten Fehler zwischen der Ray-Tracing Simulation und Messung

Generell wird die Funkfelddämpfung durch das Ray-Tracing Modell überschätzt und alle anderen Kenngrößen werden unterschätzt. Der Fehler bezüglich der Winkelspreizung ist dabei am größten. Dieser Effekt wurde auch in vielen Publikationen wie [LGBS06, JEPK06, LG07, PKW07] und [Nas08] beobachtet. In allen diesen Arbeiten wurde zudem, wie auch

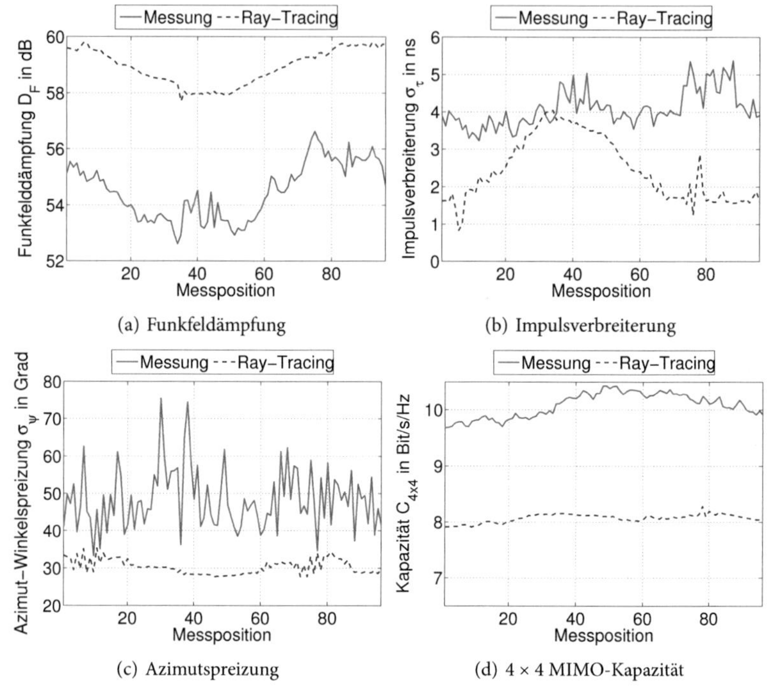

(a) Funkfeldämpfung (b) Impulsverbreiterung

(c) Azimutspreizung (d) 4 × 4 MIMO-Kapazität

Bild 4.9: Kanalkenngrößen in Szenario 1

hier, eine deutliche Unterschätzung des Kanalgewinns und/oder der Impulsverbreiterung durch das Ray-Tracing Kanalmodell festgestellt.

Auch bei geringeren Bandbreiten kann dies beobachtet werden. In [PKF07] wurden Ray-Tracing Simulationen mit Messungen bei einer Frequenz von 60 GHz und einer Bandbreite von 1 GHz verglichen. Obwohl die simulierten und gemessenen Werte der Impulsverbreiterung im Mittel gut übereinstimmen, ist die durch die Simulation ermittelte Dämpfung höher als in der Messung. Das simulierte PDP zeigt im Vergleich zum gemessenen PDP einen deutlich schnelleren Abfall der Pfadleistung mit der Verzögerung. In [RHW07] wurde eine Trägerfrequenz von 5,3 GHz und eine Bandbreite von 100 MHz verwendet. Es wurde festestellt das die Impulsverbreiterung sowie die Winkelspreizung durch das Ray-Tracing Modell unterschätzt werden. Schließlich wurde in [LRAT08] gezeigt, dass die mit Ray-Tracing simulierte MIMO-Kapazität in der Regel geringer als die gemessene ausfällt.

Die Ursachen der Ungenauigkeiten in der Funkkanalvorhersage sind vielfältig. Bei jedem deterministischen Ausbreitungsmodell entstehen Abweichungen wegen ungenauen Szenariomodellen. Das Gewinnen der dreidimensionalen Umgebungsdaten ist im Vergleich zu der Simulation selbst, ein aufwendiger Prozess. Die Positionen aller Objekte müssen gemessen und in ein digitales Modell überführt werden. Da die Positionsbestimmung von kleineren Objekten sehr aufwendig wäre und zudem diese Objekte innerhalb des Raumes oftmals bewegt werden, werden normalerweise nur große Gegenstände berücksichtigt. Zudem werden die digitalisierten Objekte i.d.R. so abstrahiert, dass sie mit einfachen geometrischen Formen beschreiben werden. Durch die Abstraktion gehen typischerweise die Information über Oberflächenstruktur verloren. Die inneren Strukturen der Objekte sind meistens unbekannt und bleiben somit unberücksichtigt.

Weiterhin ist die Bestimmung der Materialparameter der einzelnen Objekte mit einem enormen Aufwand verbunden. Deshalb werden die Materialparameter bei der Modellierung oft nur geschätzt, bzw. aus der verfügbaren Literatur abgeleitet. Zudem ist das frequenzabhängige Verhalten der Materialparameter für viele Materialien nicht ausreichend erforscht und dokumentiert, weshalb es in Simulationen i.d.R. vernachlässigt wird.

Diese Fehlerquellen sind gemeinsam für strahlenoptische Modelle und Vollwellenmethoden. Weil die Behebung dieser Probleme sehr aufwändig wäre, müssen die dadurch entstehenden Ungenauigkeiten in Kauf genommen werden.

In strahlenoptischen Modellen entstehen noch zusätzliche Fehler dadurch, dass nicht alle Ausbreitungseffekte berücksichtigt werden. Zum Beispiel wird die Transmission in der Spiegelungsprinzip basierten Simulatoren oft vernachlässigt. Der Grund hierfür liegt in der schwierigen praktischen Implementierung.

Die größten Fehler werden aber in der Literatur auf so genannte diffuse Streuung zurückgeführt. Diffuse Streuung beschreibt die an rauen oder strukturierten Oberflächen und kleinen Szenariodetails gestreuten Wellen. Diese Beiträge können in schmalbandigen und breitbandigen Systemen zeitlich nicht aufgelöst werden und führen deshalb zu Mehrwegeinterferenz. In den zu dem Thema veröffentlichten Arbeiten wurde festgestellt, dass die diffusen Beiträge bis zu 90% der Empfangsleistung ausmachen können und den langsam abfallenden Teil der Kanalimpulsantwort bilden. Diese Beiträge steigern in der Regel die Impulsverbreiterung und senken die Korrelation des Kanals, wodurch die Richtungsdiversität des Kanals und dadurch die MIMO-Kapazität verbessert wird [RSK06, Füg09]. Trotzdem ist die diffuse Streuung bisher nur in wenigen Ray-Tracing Modellen implementiert [DEFVF07] und [LG07].

Es ist dabei zu beachten, dass in den hier betrachteten Szenarien die Oberflächen der markanten Objekte bei den betrachteten Frequenzen glatt sind. Da aber die Transmission durch

Objekte bei niedrigeren Frequenzen möglich ist, kommen die Inhomogenitäten und Strukturelemente im inneren der Objekte als Ursache für diese Beiträge in Frage. In [PASW07] wurde Anhand von FDTD Simulationen gezeigt, dass die Transmission durch inhomogene Objekte einen sehr großen Einfluss auf die Kanalimpulsantwort hat. Der gesendete Puls wird dabei mehrfach wiederholt und stark verzerrt. Diese Effekte sind auch in den reflektierten Pfaden sichtbar und können zur Entstehung einer gleichmäßig abfallenden Kanalimpulsantwort, wie sie in den Messungen beobachtet wird, führen.

Ein weiteres Problem der Ray-Tracing Modelle ist Nichteinhalten des Gültigkeitsbereiches der asymptotischen Methoden. Sowohl die geometrische Optik (GO) als auch die verallgemeinerte Beugungstheorie (UTD) sind für hohe Frequenzen definiert, d.h für Fälle bei denen die Wellenlänge viel kleiner als die Dimensionen der Objekte im untersuchten Szenario ist. In Absatz 5.2.2 wird gezeigt, dass der Amplitudenfehler des gestreuten Feldes stark ansteigt, wenn die Objektkanten kürzer als 10 Wellenlängen sind. Diese Bedingung ist besonders in Indoor-Szenarien, oft nicht erfüllt.

Für diese beiden Probleme werden in folgenden Kapiteln Lösungsansätze vorgestellt. Zuerst durch die Kombination von Ray-Tracing mit FDTD wird auf die Modellierung von kleinen Objekte eingegangen. Anschließend wird ein statistischer Ansatz vorgestellt, um das Ray-Tracing Modell um den diffusen Anteil zu erweitern.

4.6 Zusammenfassung

In diesem Kapitel wurden die Methoden der Kanalmessung und Algorithmen zur Pfadschätzung vorgestellt sowie das in dieser Arbeit verwendete Messsystem und die untersuchten Szenarien beschrieben. Schließlich wurde ein Vergleich zwischen Ray-Tracing Simulationen und Messungen in einem Indoor-Szenario für das FCC-Frequenzband dargestellt, welcher der Verifikation des Modells für Indoor-Szenarien dient. Der Vergleich zeigt, dass die Simulationen die stärksten, reflektierten Beiträge des Kanals zuverlässig nachbilden, insgesamt aber unterschätzen sie sowohl die Anzahl der Mehrwegebeiträge als auch deren Abklingzeiten. Zudem werden sowohl die Kenngrößen der Frequenz- als auch der Richtungsselektivität sowie der Kanalgewinn unterschätzt.

Zum Schluss wurde eine Übersicht über die Gründe der Ungenauigkeiten geliefert und die Schwachstellen der strahlenoptischen Modelle aufgezeigt, die durch Einsatz von hybriden Methoden behoben werden können. Diese Methoden zur Verbesserung der Genauigkeit werden in den folgenden Kapiteln vorgestellt.

5 Hybrides Ray-Tracing / FDTD Modell

Die asymptotischen Ansätze (GO und UTD) in dem Ray-Tracing Modell setzen voraus, dass die Abmessungen der Flächen und Kanten, auf denen die Reflexionen und Beugungen stattfinden, viel größer als die Wellenlänge sind. Diese Annahme ist in Outdoor-Szenarien schon für Frequenzen oberhalb 1 GHz i.d.R. erfüllt. Innerhalb von Gebäuden, insbesondere in dem UWB Band von 3,1 bis 10,6 GHz, wird diese Bedingung oft verletzt. Die Abmessungen von kleinen Möbelstücken, Geräten und anderen Einrichtungsgegenständen sind oft in der gleichen Größenordnung wie die Wellenlänge.

Um trotzdem eine realistische Simulation in solchen Szenarien zu erzielen, wird in diesem Kapitel ein hybrides Modell vorgeschlagen, welches einen Vollwellenansatz mit der Ray-Tracing Methode kombiniert. Das Grundprinzip einer solcher Kombination wurde für schmalbandige Kanäle in [WSNC00, WCSN02, YW01, YS04, RGRV04, RCV[+]06] vorgestellt. Weiterhin wurde in [SWP[+]03] für ultrabreitbandige Simulationen ein 2D Ray-Launching Modell mit der Vollwellenlösung kombiniert.

In dieser Arbeit wird erstmals die Finite Differenzen Methode (FDTD, engl. *finite difference time domain*) im dreidimensionalen, Spiegelungsprinzip-basierten Ray-Tracing Modell eingesetzt und für ultrabreitbandige Kanäle angewendet.

In den folgenden Abschnitten werden die grundlegenden Prinzipien des FDTD Ansatzes sowie die Gestaltung des Interfaces zum Ray-Tracing Ansatz genauer beschrieben. Zum Schluss wird die Genauigkeit des Modells anhand von Simulationen und Messungen untersucht und dessen Anwendung für bildgebende Verfahren und Kommunikationssysteme vorgestellt.

5.1 Berechnung des Streuverhaltens kleiner Objekte

Zur Berechnung des Streuverhalten eines Objekts existiert eine Vielzahl von Vollwellenlösungen, die auf verschiedene Weise die Maxwell'schen Gleichungen lösen. Die drei meistverwendeten Ansätze sind die Momentenmethode (MoM), die Finite-Elemente-Methode (FEM) und die Finite-Differenzen-Methode (FDTD) [Dav05]. Gemeinsam für alle diese Methoden ist, dass sie das untersuchte Lösungsgebiet zunächst diskretisieren. Anschließend werden Felder bzw. Ströme in den diskreten Elementen (Volumen oder Flächen) durch Integral- oder Differenzialgleichungen beschrieben und numerisch gelöst.

Aufgrund der einfachen Implementierung und einfachen Handhabung von großen Frequenzbereichen wird in dieser Arbeit die Finite-Differenzen-Methode angewendet. Im Folgenden sind die Grundlagen dieser Methode vorgestellt. Eine umfassende Beschreibung ist in [KL93, TH05, ED09] zu finden.

5.1.1 Grundlagen der Finite-Differenzen Methode

Die Finite-Differenzen-Methode wird auf einen diskreten Raum angewendet. Um das zu betrachtende Objekt wird ein Gitter gelegt und die Berechnung der Maxwell'schen Gleichungen erfolgt Zellenweise im Gitter. Im einfachsten Fall besteht das Gitter aus quaderförmigen Zellen mit Kantenlängen Δx, Δy und Δz. Die elektrischen und magnetischen Felder werden gemäß des *Yee* Ansatzes [Yee66] auf den Kanten und Flächen des Quaders berechnet. Die Anordnung der einzelnen Feldkomponenten ist in Bild 5.1 dargestellt. Dabei kennzeichnen die Indizes i, j und k die Koordinaten im diskreten Raum. Daraus resultiert eine räumliche und zeitliche Verschiebung zwischen dem E-Feld und H-Feld: Das E-Feld wird zum diskreten Zeitschritt $n\Delta t$ und das H-Feld zum diskreten Zeitschritt $\left(n + \frac{1}{2}\right)\Delta t$ berechnet. Dieses Verfahren wird als *Leapfrog*-Schema bezeichnet [TH05].

Zur Berechnung der Felder werden die Maxwell'schen Gleichungen in der Differentialform verwendet

$$\nabla \times \vec{H} = \varepsilon\frac{\partial \vec{E}}{\partial t} + \kappa\vec{E} + \vec{J}_\mathrm{i} \tag{5.1a}$$

$$\nabla \times \vec{E} = -\mu\frac{\partial \vec{H}}{\partial t} \, , \tag{5.1b}$$

wobei ε die Permittivität und μ die Permeabilität des betrachteten Mediums ist. Der Term $\kappa\vec{E}$ beschreibt die Leitungsstromdichte und $\vec{J}_\mathrm{i}$ die eingeprägte Stromdichte. Im Folgenden werden ausschließlich quellenfreie Medien betrachtet, deshalb wird der Term $\vec{J}_\mathrm{i}$ in den weiteren Gleichungen nicht mehr berücksichtigt.

Das Lösungsvorgehen wird hier am Beispiel der x-Komponente des E-Feldes erläutert. Die Komponenten y und z des E-Feldes sowie das magnetische Feld werden analog dazu berechnet.

In einem kartesischen Koordinatensystem können diese Vektorgleichungen für die x-Komponente in einer skalaren Form dargestellt werden:

$$\frac{\partial E_\mathrm{x}}{\partial t} = \frac{1}{\varepsilon}\left(\frac{\partial H_\mathrm{z}}{\partial y} - \frac{\partial H_\mathrm{y}}{\partial z} - \kappa E_\mathrm{x}\right) \tag{5.2a}$$

$$\frac{\partial H_\mathrm{x}}{\partial t} = \frac{1}{\mu}\left(\frac{\partial E_\mathrm{y}}{\partial z} - \frac{\partial E_\mathrm{z}}{\partial y}\right) \tag{5.2b}$$

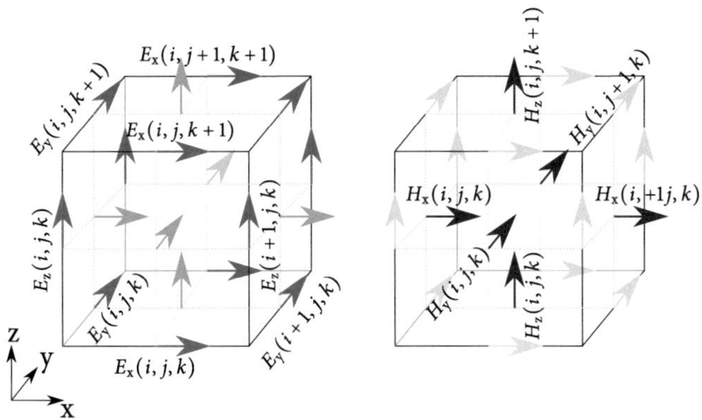

Bild 5.1: Verteilung der Feldkomponenten auf einer Diskretisierungszelle

Dabei wird von einem isotropen Medium ausgegangen.

Zur Anwendung in einem diskreten Raum werden die partiellen Ableitungen durch den zentralen Differenzenquotienten approximiert:

$$\frac{\partial E^{n+\frac{1}{2}}}{\partial t} = \frac{E^{n+1} - E^{n}}{\Delta t} \tag{5.3}$$

Dadurch nimmt (5.2a) die folgende Form an:

$$\frac{E_x^{n+1}(i,j,k) - E_x^{n}(i,j,k)}{\Delta t} = \frac{H_z^{n+\frac{1}{2}}(i,j,k) - H_z^{n+\frac{1}{2}}(i,j-1,k)}{\varepsilon(i,j,k)\Delta y} \tag{5.4}$$

$$- \frac{H_y^{n+\frac{1}{2}}(i,j,k) - H_y^{n+\frac{1}{2}}(i,j,k-1)}{\varepsilon(i,j,k)\Delta z} - \frac{\kappa(i,j,k)}{\varepsilon(i,j,k)} E_x^{n+\frac{1}{2}}(i,j,k)$$

Daraus kann die x-Komponente des E-Feldes zum Zeitpunkt $(n+1)\Delta t$ berechnet werden:

$$E_x^{n+1}(i,j,k) = \frac{2\varepsilon(i,j,k) - \Delta t\kappa(i,j,k)}{2\varepsilon(i,j,k) + \Delta t\kappa(i,j,k)} E_x^{n}(i,j,k) \tag{5.5}$$

$$+ \frac{2\Delta t}{(2\varepsilon(i,j,k) + \Delta t\kappa(i,j,k))\Delta y} \left(H_z^{n+\frac{1}{2}}(i,j,k) - H_z^{n+\frac{1}{2}}(i,j-1,k) \right)$$

$$- \frac{2\Delta t}{(2\varepsilon(i,j,k) + \Delta t\kappa(i,j,k))\Delta z} \left(H_y^{n+\frac{1}{2}}(i,j,k) - H_y^{n+\frac{1}{2}}(i,j,k-1) \right)$$

Zur Berechnung des elektrischen Feldes zum Zeitpunkt $(n+1)\Delta t$ wird das elektrische Feld aus dem vorigen Zeitpunkt $n\Delta t$ und die umliegenden Komponenten des magnetischen Feldes zum Zeitpunkt $\left(n+\frac{1}{2}\right)\Delta t$ benötigt. Damit werden die Maxwell'schen Gleichungen in eine iterative Weise gelöst.

Um die Stabilität des Algorithmus zu gewährleisten, muss das Zeitinkrement Δt die Bedingung

$$\Delta t \leq \frac{1}{c_0\sqrt{\frac{1}{\Delta x^2} + \frac{1}{\Delta y^2} + \frac{1}{\Delta z^2}}} \tag{5.6}$$

erfüllen [TH05, ED09]. Dabei ist die Kantenlänge der Gitterzellen durch:

$$\Delta x,\ \Delta y,\ \Delta z \leq \frac{\lambda_{\min}}{10} \tag{5.7}$$

begrenzt, wobei $\lambda_{\min}$ die kleinste in der Struktur auftretende Wellenlänge ist.

5.1.2 Grenzbedingungen

In den Zellen am Rand des Gitters $i = I_{\max}$ kann der Zentraldifferenzen-Ansatz nicht angewendet werden, weil keine Daten zu den Feldern an der Stelle $I_{\max} + 1$ verfügbar sind. Da es sich im Falle der Fernfeldstreuung um einen offenen Raum handelt, müssen spezielle absorbierende Grenzbedingungen (ABC, engl. *absorbing boundary conditions*) implementiert werden.

Eine der effektivsten Methoden zur Implementierung der ABC ist die *perfectly matched layer*-Randbedingung (PML) [Ber94, Ber96]. Die PML-Randbedingung entspricht einem hypothetischen, anisotropen, verlustbehafteten Medium. Die Parameter dieses Mediums sind so gewählt, dass eine einfallende Welle die Grenzfläche reflexionslos passieren kann und in der Randschicht vollständig gedämpft wird.

Um das zu erreichen, wird jede Feldkomponente in zwei, mit der Ausbreitungsrichtung verbundene, Anteile gespalten, z.B. die E_{x} Komponente wird in Anteile E_{xy} und E_{xz} zerlegt:

$$\varepsilon_0 \frac{\partial E_{\mathrm{xy}}}{\partial t} + \kappa_{\mathrm{ey}} E_{\mathrm{xy}} = \frac{\partial\left(H_{\mathrm{zx}} + H_{\mathrm{zy}}\right)}{\partial y} \tag{5.8a}$$

$$\varepsilon_0 \frac{\partial E_{\mathrm{xz}}}{\partial t} + \kappa_{\mathrm{ez}} E_{\mathrm{xz}} = \frac{\partial\left(H_{\mathrm{yx}} + H_{\mathrm{yz}}\right)}{\partial z} \tag{5.8b}$$

Die fiktiven elektrischen und magnetischen Konduktivitäten κ_{e} und κ_{m} sind so gewählt, dass sie die folgenden Bedingungen erfüllen:

$$\frac{\kappa_{ex}}{\varepsilon_0} = \frac{\kappa_{mx}}{\mu_0}, \qquad \frac{\kappa_{ey}}{\varepsilon_0} = \frac{\kappa_{my}}{\mu_0}, \qquad \text{und} \qquad \frac{\kappa_{ez}}{\varepsilon_0} = \frac{\kappa_{mz}}{\mu_0} \tag{5.9a}$$

$$\begin{aligned} \kappa_{ex} \neq 0, \quad \kappa_{mx} \neq 0 \quad &\text{im } x\text{-Randbereich} \\ \kappa_{ey} \neq 0, \quad \kappa_{my} \neq 0 \quad &\text{im } y\text{-Randbereich} \\ \kappa_{ez} \neq 0, \quad \kappa_{mz} \neq 0 \quad &\text{im } z\text{-Randbereich} \end{aligned} \tag{5.9b}$$

Dabei kennzeichnen ε_0 und μ_0 die Permittivität und die Permeabilität des Vakuums. Dadurch ist die Wellenimpedanz der PML-Schicht der Wellenimpedanz des freien Raums angepasst. Somit können die einfallenden Wellen unabhängig von Frequenz und Einfallswinkel Reflexionslos in die PML-Schicht eindringen. Durch die von Null verschiedene Konduktivität ist in der PML-Schicht ein verlustbehaftetes Medium realisiert, in dem die einfallenden Wellen gedämpft werden. In einem kontinuierlichen Medium sind diese Vorgänge ideal, allerdings wird durch die Diskretisierung des Raumes die Leistungsfähigkeit dieser Methode verschlechtert. Das trifft besonders bei streifenden Einfallswinkeln und in Gegenwart von abklingenden Feldern zu.

In dieser Arbeit wird die CPML (engl. *convolutional perfectly matched layer*) verwendet, die erstmals in [RG00] eingeführt wurde. Es handelt sich dabei um eine effiziente Formulierung der PML-Randbedingung. CPML erlaubt eine bessere Absorption der einfallenden Wellen und eine nähere Platzierung der Berechungsraumgrenze an das Objekt. Zusätzlich kann dieser Ansatz ohne weiteres für beliebige Materialgrenzen verwendet werden, auch wenn beide der Medien, anisotrop, dispersiv und nichtlinear sind. An dieser Stelle wird auf die umfangreiche formelmäßige Beschreibung der CPML-Methode verzichtet. Eine umfassende Beschreibung ist in [RG00, TH05, ED09] zu finden.

5.1.3 Anregung

Die Berechnung des Streuverhaltens im Fernfeld erfordert eine Anregung mit einer ebenen Welle. In dieser Arbeit wird zur Erzeugung der ebenen Welle die Streufeld-Formulierung (engl. *scatterd field formulation*) verwendet [KL93, ED09]. Dabei wird das gesamte im FDTD Gitter berechnete Feld auf das einfallende und gestreute Feld zerlegt:

$$\vec{E}_{\text{tot}} = \vec{E}_{\text{inc}} + \vec{E}_{\text{scat}} \qquad \text{und} \qquad \vec{H}_{\text{tot}} = \vec{H}_{\text{inc}} + \vec{H}_{\text{scat}} \tag{5.10}$$

Die Maxwell'schen Gleichungen sind in diesem Fall für jedes Teilfeld getrennt zu lösen. Da es sich beim einfallenden Feld um eine sich im Vakuum ausbreitende Welle handelt, kann es analytisch berechnet werden. Die x-Komponente des gestreuten elektrischen Feldes wird folgendermaßen ermittelt:

$$
\begin{aligned}
E^{n+1}_{\text{scat},x}(i,j,k) &= \frac{2\varepsilon(i,j,k) - \Delta t\kappa(i,j,k)}{2\varepsilon(i,j,k) + \Delta t\kappa(i,j,k)} E^{n}_{\text{scat},x}(i,j,k) \\
&\quad + \frac{2\Delta t}{(2\varepsilon(i,j,k) + \Delta t\kappa(i,j,k))\,\Delta y}\left(H^{n+\frac{1}{2}}_{\text{scat},z}(i,j,k) - H^{n+\frac{1}{2}}_{\text{scat},z}(i,j-1,k)\right) \\
&\quad - \frac{2\Delta t}{(2\varepsilon(i,j,k) + \Delta t\kappa(i,j,k))\,\Delta z}\left(H^{n+\frac{1}{2}}_{\text{scat},y}(i,j,k) - H^{n+\frac{1}{2}}_{\text{scat},y}(i,j,k-1)\right) \\
&\quad + \frac{2\left(\varepsilon_0 - \varepsilon(i,j,k)\right) - \Delta t\kappa(i,j,k)}{2\varepsilon(i,j,k) + \Delta t\kappa(i,j,k)} E^{n+1}_{\text{inc},x}(i,j,k) \\
&\quad - \frac{2\left(\varepsilon_0 - \varepsilon(i,j,k)\right) - \Delta t\kappa(i,j,k)}{2\varepsilon(i,j,k) + \Delta t\kappa(i,j,k)} E^{n}_{\text{inc},x}(i,j,k)
\end{aligned}
\tag{5.11}
$$

Das zur Berechnung des gestreuten Feldes notwendige einfallende Feld wird dabei in jeder Gitterzelle analytisch berechnet

$$
E_{\text{inc}} = \left(E_\theta \hat{e}_\theta + E_\psi \hat{e}_\psi\right) g\left(t - \frac{1}{c_0}\hat{k}\cdot\vec{r}\right),
\tag{5.12}
$$

wobei g die Wellenfrontfunktion kennzeichnet. Für breitbandige Berechnungen entspricht die Wellenfrontfunktion einem Puls, dessen Spektrum die für die Simulation relevanten Frequenzen abdeckt. In dieser Arbeit wird die normierte erste Ableitung der Gaußfunktion als Wellenfrontfunktion verwendet:

$$
g(t) = -\frac{\sqrt{2e}}{\tau} t e^{-(t/\tau)^2}
\tag{5.13}
$$

Das Spektrum dieser Funktion ist durch den Parameter τ definiert:

$$
\underline{G}(f) = \frac{j2\pi f \tau^2 \sqrt{\pi e}}{\sqrt{2}} e^{-\frac{\tau^2(2\pi f)^2}{4}}
\tag{5.14}
$$

Für das in dieser Arbeit betrachtete FCC-Spektrum mit der oberen Frequenz $f = 10{,}6\,\text{GHz}$ ergibt sich $\tau = 0{,}0467\,\text{ns}$. Die entsprechende Pulsform und das dazugehörige Spektrum sind in Bild 5.2 gezeigt.

5.1.4 Berechnung des gestreuten Fernfelds

Mit der in den vorherigen Absätzen vorgestellten Methoden wird das Feld im Nahbereich des Objekts berechnet. Für die Kombination mit dem Ray-Tracing Modell ist Kenntnis des

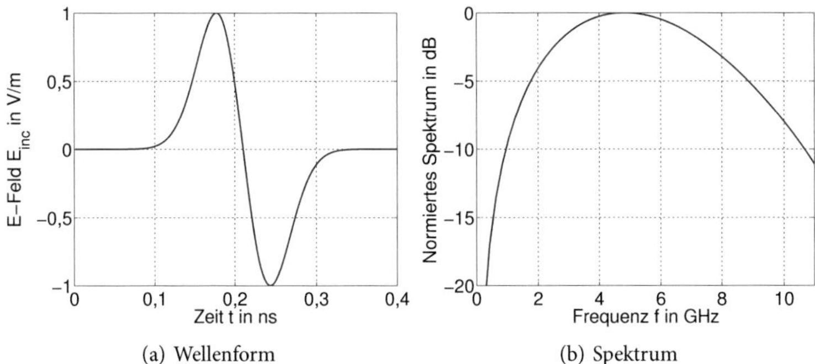

(a) Wellenform   (b) Spektrum

Bild 5.2: Wellenform und Spektrum der einfallenden Welle

Streuverhaltens im Fernfeld nötig. Um sie zu berechnen, wird die Fernfeldtransformation (engl. *near field to far field*) verwendet.

Das Objekt wird in einen virtuellen Quader eingeschlossen. Nach dem Äquivalenzprinzip können die Felder innerhalb des Quaders durch geeignet gewählte Stromdichten auf seiner Oberfläche S ersetzt werden, ohne dass sich die Felder außerhalb des Quaders ändern. Diese äquivalenten elektrischen und magnetischen Oberflächenströme J_S und M_S werden auf allen Flächen ermittelt

$$\vec{J}_S = \hat{n} \times \vec{H} \qquad \text{und} \qquad \vec{M}_S = -\hat{n} \times \vec{E} \tag{5.15}$$

und anschließend mit Hilfe der Fouriertransformation in den Frequenzbereich transformiert. Das gestreute Fernfeld in Kugelkoordinaten kann folgendermaßen berechnet werden:

$$\underline{E}_r \cong 0 \tag{5.16a}$$

$$\underline{E}_\theta \cong -j2\pi f_0 \left(\underline{A}_\theta + Z_0 \underline{F}_\psi \right) \tag{5.16b}$$

$$\underline{E}_\psi \cong -j2\pi f_0 \left(\underline{A}_\psi - Z_0 \underline{F}_\theta \right) \tag{5.16c}$$

und

$$\underline{H}_r \cong 0 \tag{5.17a}$$

$$\underline{H}_\theta \cong +j2\pi f_0 \left(\underline{A}_\psi / Z_0 - \underline{F}_\theta \right) \tag{5.17b}$$

$$\underline{H}_\psi \cong -j2\pi f_0 \left(\underline{A}_\theta / Z_0 + \underline{F}_\psi \right) \tag{5.17c}$$

$\vec{\underline{F}}$ und $\vec{\underline{A}}$ kennzeichnen das elektrische und magnetische Vektorpotenzial im Fernfeld [TH05]:

$$\vec{\underline{F}} = \frac{\varepsilon_0 e^{-jk_0 d}}{4\pi d} \iint\limits_S \underline{M}_S e^{-jk_0 d' \cos\phi} ds' \tag{5.18a}$$

$$\vec{\underline{A}} = \frac{\mu_0 e^{-jk_0 d}}{4\pi d} \iint\limits_S \underline{J}_S e^{-jk_0 d' \cos\phi} ds' \tag{5.18b}$$

Dabei bezeichnet d die Entfernung zwischen dem Mittelpunkt des Objekts O und einem Beobachtungspunkt im Fernfeld P, d' bezeichnet die Entfernung zwischen dem Quellpunkt Q auf der Oberfläche S und dem Beobachtungspunkt P und ϕ ist der Winkel zwischen den Vektoren $\overrightarrow{PO}$ und $\overrightarrow{QO}$. Die Integrale in (5.18a) sind im Frequenzbereich angegeben und müssen für alle diskreten Frequenzen im gesuchten Band ausgewertet werden.

Der Streukoeffizient $\underline{S}_{j,i}(f)$ kann als Verhältnis des gestreuten Feldes $\underline{E}_{\mathrm{scat},j}(f)$ zu dem einfallenden Feld $\underline{E}_{\mathrm{inc},i}(f)$ berechnet werden:

$$\underline{S}_{j,i}(f) = \frac{\underline{E}_{\mathrm{scat},j}(f)}{\underline{E}_{\mathrm{inc},i}(f)} \tag{5.19}$$

dabei kennzeichnen i und j die Polarisation. Die Streueigenschaften eines Objekts werden oft durch den Radarstreuquerschnitt (RCS, engl. *radar cross section*) beschrieben. Der polarimetrische Radarstreuquerschnitt ist dabei direkt mit dem Streukoeffizienten verknüpft:

$$\sigma_{j,i}(f, \theta_{\mathrm{inc},i}, \psi_{\mathrm{inc},i}, \theta_{\mathrm{scat},i}, \psi_{\mathrm{scat},i}) = \lim_{d\to\infty} 4\pi d^2 \frac{|\underline{E}_{\mathrm{scat},j}(f)|^2}{|\underline{E}_{\mathrm{inc},i}(f)|^2} = \lim_{d\to\infty} 4\pi d^2 |\underline{S}_{j,i}(f)|^2 \tag{5.20}$$

Um eine vollpolarimeterische Streumatrix bzw. eine vollpolarimetrische RCS-Matrix zu erhalten, sind zwei Simulationen mit zwei orthogonal polarisierten einfallenden Wellen notwendig.

5.1.5 Verifikation der FDTD-Implementierung

Zur Verifikation der implementierten FDTD Methode werden deren Simulationsergebnisse mit Ergebnissen der kommerziellen CST Microwave Studio Software, die die Finite-Integral-Methode (FIT, engl. *finite integration technique*) einsetzt, verglichen. Als Testobjekt wird eine ideal leitende dünne Platte mit dem Querschnitt von $10\,\mathrm{cm} \times 10\,\mathrm{cm}$ ausgewählt. Die Platte wird aus unterschiedlichen Winkeln mit einer vertikal polarisierten ebenen Welle beleuchtet und das gestreute Fernfeld wird in der Azimutebene berechnet. In Bild 5.3 ist das gestreute E-Feld für die Einfallswinkel $\theta_{inc} = 90°$, $\psi_{inc} = 0°$ (Einfall normal zu der Platte) und $\theta_{inc} = 45°$, $\psi_{inc} = 45°$ jeweils für die Frequenzen 3 GHz und 10 GHz dargestellt.

Beim normalen Einfall verschwindet die kreuzpolarisierte Komponente. Die kopolarisierte Komponente zeigt eine hervorragende Übereinstimmung der Ergebnisse beider Methoden. Lediglich bei den kreuzpolarisierten Komponenten mit schrägem Einfall ($\theta_{inc} = 45°$, $\psi_{inc} = 45°$) sind kleine Abweichungen zwischen FIT und FDTD zu beobachten. Ähnliche Ergebnisse wurden für weitere Einfallswinkel und andere Objekte erhalten. Durch Verfeinerung der Gitter kann die Übereinstimmung mit den CST-Ergebnissen verbessert werden. Für die hier betrachtete Anwendungen ist jedoch die erreichte Genauigkeit der FDTD Implementierung ausreichend.

5.2 Integration der FDTD Berechnung in die Ray-Tracing Simulationssoftware

5.2.1 Implementierung der Punktstreuer in die Ray-Tracing Software

Das *ihert3d* Modell berücksichtigt in seiner ursprünglichen Form die Ausbreitungseffekte Reflexion, Beugung und Vegetationsstreuung. Für alle diese Phänomene wird vorausgesetzt, dass sie an ausgedehnten Flächen stattfinden, die durch ebene Polygone modelliert werden können. Um die mit dem in Absatz 5.1 beschriebenen Vollwellenansatz simulierten Objekte in das Ray-Tracing Modell einzusetzen, wird in dem Modell die Objektklasse Punktstreuer eingeführt. Die Fernfeldstreuung wird typischerweise in einem sphärischen Koordinatensystem beschrieben, das in Bild 5.4 dargestellt ist.

Da die Streuer die Energie der auf sie einfallenden Welle in einen größeren Raumbereich verteilen, wird für die Strahlsuche der direkte Weg zwischen dem Sender, über den Punktstreuer zum Empfänger angenommen. Dabei wird vorausgesetzt, dass eine Sichtverbindung zwischen dem Streuer und dem Sender sowie dem Empfänger besteht. Aus dem resultierenden Einfalls- (θ_{inc}, ψ_{inc}) und Ausfallswinkel (θ_{scat}, ψ_{scat}) am Streuer wird mit Hilfe der FDTD-Methode nach dem Abschnitt 5.1.4 die polarimetrische Streumatrix $\underline{\mathbf{S}}$ berechnet. Diese gibt an, welcher Energieanteil in die Ausfallsrichtung weitergeleitet wird [GW98]:

$$\begin{bmatrix} \underline{E}_{\theta,scat} \\ \underline{E}_{\psi,scat} \end{bmatrix} = \underline{\mathbf{S}} \cdot \frac{e^{-jk_0 d}}{d} \begin{bmatrix} \underline{E}_{\theta,inc} \\ \underline{E}_{\psi,inc} \end{bmatrix} = \begin{bmatrix} \underline{S}_{\theta\theta} & \underline{S}_{\theta\psi} \\ \underline{S}_{\psi\theta} & \underline{S}_{\psi\psi} \end{bmatrix} \cdot \frac{e^{-jk_0 d}}{d} \begin{bmatrix} \underline{E}_{\theta,inc} \\ \underline{E}_{\psi,inc} \end{bmatrix} \tag{5.21}$$

Dabei wird angenommen, dass sich der Sender und der Empfänger im Fernfeld des Streuers befinden.

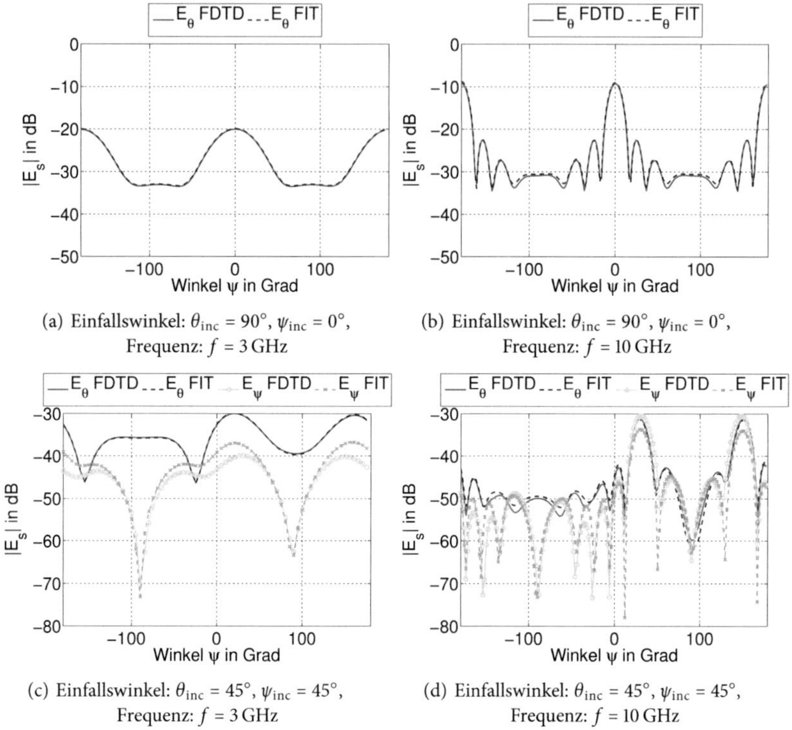

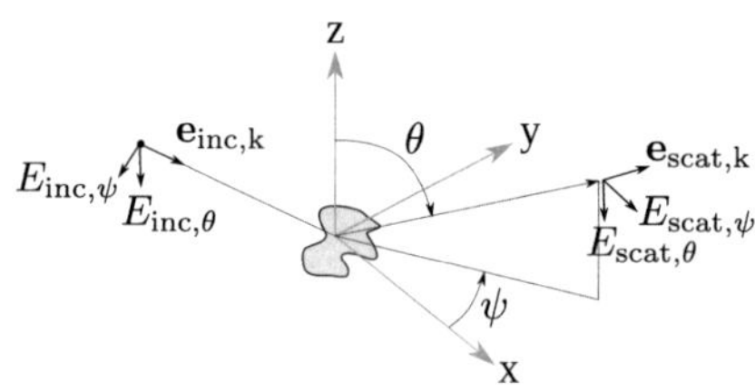

Bild 5.3: Das gestreute E-Feld einer metallischen, quadratischen Platte

(a) Einfallswinkel: $\theta_{\text{inc}} = 90°$, $\psi_{\text{inc}} = 0°$, Frequenz: $f = 3\,\text{GHz}$

(b) Einfallswinkel: $\theta_{\text{inc}} = 90°$, $\psi_{\text{inc}} = 0°$, Frequenz: $f = 10\,\text{GHz}$

(c) Einfallswinkel: $\theta_{\text{inc}} = 45°$, $\psi_{\text{inc}} = 45°$, Frequenz: $f = 3\,\text{GHz}$

(d) Einfallswinkel: $\theta_{\text{inc}} = 45°$, $\psi_{\text{inc}} = 45°$, Frequenz: $f = 10\,\text{GHz}$

Bild 5.4: Geometrie zur Beschreibung der Streuung im Fernfeld

Um die Verzögerung der gestreuten Signale für unterschiedliche Winkel richtig nachzubilden, ist dabei die richtige Normierung der Laufzeit von Bedeutung. Im Ray-Tracing Teil des Modells werden die relevanten kleinen Objekte durch Punkstreuer ersetzt. Jeder Punkt-streuer wird im geometrischen Mittelpunkt des dazugehöriges Objekts platziert. Die Lauf-zeiten der einfallenden und gestreuten Teilpfade werden in Bezug auf diesen Punkt berech-net. Im FDTD Teil des Modells beinhalten die Streukoeffizienten bereits einen Verzöge-rungsterm, der zur Entfernung d in (5.18) proportional ist. Zusätzlich ist das Anregungssignal im FDTD Gitter verzögert. Diese Verzögerung beinhaltet zwei Komponenten:

- Die pulsförmige Anregung muss so verzögert werden, dass die Amplitude der zum Zeitpunkt $t = 0$ in das FDTD Gitter einfallenden Welle sehr gering ist. Sonst entste-hen durch die Unstetigkeit hochfrequente Schwingungen im Gitter. Hier wurde die Verzögerung zu $4,5\tau$ (siehe (5.13)) gesetzt. Damit liegt die Amplitude der Welle beim Eintritt in das Gitter 170 dB unterhalb der maximalen Amplitude der Welle.

- Die Anregung tritt im quaderförmigen FDTD Gitter immer zum gleichen Zeitpunkt auf, unabhängig vom Eintrittswinkel. Damit sind die Wellen, die in das Gitter schräg eintreten, gegenüber den Wellen die normal auf die Seiten des Quaders einfallen, im Bezug auf die Mitte des FDTD-Gitters verzögert.

Diese Verzögerungen müssen aus den simulierten Streukoeffizienten rechnerisch entfernt werden, bevor sie im Ray-Tracing Teil des Modells eingesetzt werden. Das wird durch Mul-tiplikation im Frequenzbereich mit dem Term $e^{j2\pi f \Delta t}$ erreicht, wobei Δt der Summe der oben genannten Verzögerungen entspricht.

Die Mehrfachstreuung wird in diesem Modell nicht berücksichtigt. Die Effekte der mehr-fachen Streuung sind in den hier betrachteten Szenarien vernachlässigbar. Prinzipiell sind hier zwei Fälle zu unterscheiden:

- die kleinen Objekte sind weit von einander entfernt: Aus (5.21) ist ersichtlich, dass der gestreute Energieanteil sehr schnell mit der Entfernung abnimmt. Damit führt mehrfache Streuung an entfernten Objekten zu stark gedämpften Pfaden.

- die kleinen Objekte sind nah beieinander: Die gestreuten Beiträge werden hier größer. Falls die Auswirkung der Mehrfachstreuung von Interesse ist, kann die ganze Gruppe der Streuer mit der Vollwellenlösung analysiert werden. Dabei muss die Fernfeldbe-dingung für die Abmessungen der gesamten Gruppe erfüllt sein.

5.2.2 Bestimmung des Gültigkeitsbereiches

Die Methoden, die in strahlenoptischen Kanalmodellen verwendet werden, um Reflexion und Beugung zu modellieren, sind asymptotisch. D.h. sie sind nur gültig für Objekte, deren Abmessungen viel Größer als die Wellenlänge sind. Dabei wird keine allgemeine Grenzgrö-ße, ab welcher die asymptotischen Methoden ausreichend sind, definiert. Als Anhaltspunkt wird typischerweise eine Kantenlänge von 10 Wellenlängen angenommen [Fos96]. Es ist anzunehmen, dass die Genauigkeit der asymptotischen Methoden mit sinkendem Verhältnis von Objektgröße zu Wellenlänge kontinuierlich sinkt.

Um einen Eindruck zu bekommen, ab welcher Größe das Einsetzen der hybriden Methode sinnvoll ist, wird im folgenden für zwei kanonische Objekte eine mit Ray-Tracing und eine mit FDTD simulierte bistatische Fernfeldstreuung bei verschiedenen Frequenzen verglichen. Die beiden Objekte sind eine ideal leitende, dünne, quadratische Platte mit der Kantenlänge $a = 9{,}68\,\mathrm{cm}$ und ein ideal leitender Würfel mit der gleichen Kantenlänge. Dabei werden die Frequenzen zwischen 9,3 GHz und 62 GHz betrachtet. Dadurch bekommt man ein Verhältnis der Kantenlänge zu Wellenlänge von $3\,\lambda$ bei einer Frequenz von 9,3 GHz und $20\,\lambda$ bei der Frequenz von 62 GHz.

In einer Entfernung von 5 m, welche die Fernfeldbedingung bei allen berücksichtigten Frequenzen gewährleistet, wird das gestreute E-Feld in der Azimutebene für die Einfallswinkel $\theta = 90°$, $\psi = 0°$ berechnet. Diese Anordnung ist in Bild 5.5 dargestellt.

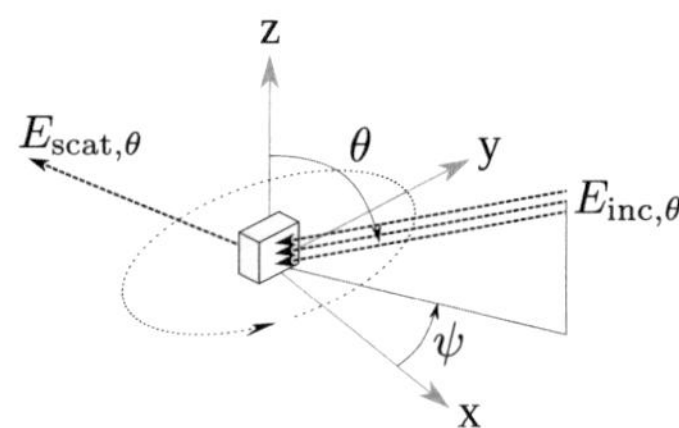

Bild 5.5: Anordnung für die bistatische Fernfeldstreuung

In Bild 5.6 ist das mit Ray-Tracing bzw. FDTD berechnete gestreute E-Feld von einer Platte bei den Frequenzen 9,3 GHz und 62 GHz dargestellt.

Bei der niedrigen Frequenz sind die Ergebnisse der Ray-Tracing Simulation deutlich überschätzt. Besonders markant ist der stark überschätzte Reflexionsbeitrag bei einem Beobachtungswinkel von $\psi = 0°$. Die Beiträge bei Beobachtungswinkeln $\psi \neq 0$ können der Beugung bzw. der Streuung zugeordnet werden und sind auch deutlich größer als die mit FDTD simulierten Werte. Ein ähnlicher Effekt wurde auch bei dem zweiten Objekt beobachtet. Um diesen Unterschied zu quantifizieren wird für jede Frequenz ein absoluter Fehler zwischen den beiden Verläufen berechnet:

$$F_{\mathrm{abs}} = |\underline{E}_{RT}(\psi)|[\mathrm{dB}] - |\underline{E}_{FDTD}(\psi)|[\mathrm{dB}] \tag{5.22}$$

Die Mittelwert dieses Fehlers μ_{F} ist für beiden Objekte in Bild 5.7 zu sehen.

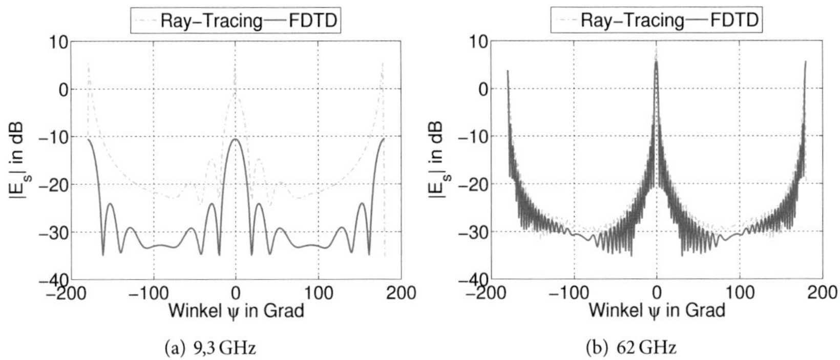

Bild 5.6: Bistatische Streuung von einer kleinen metallischen Platte

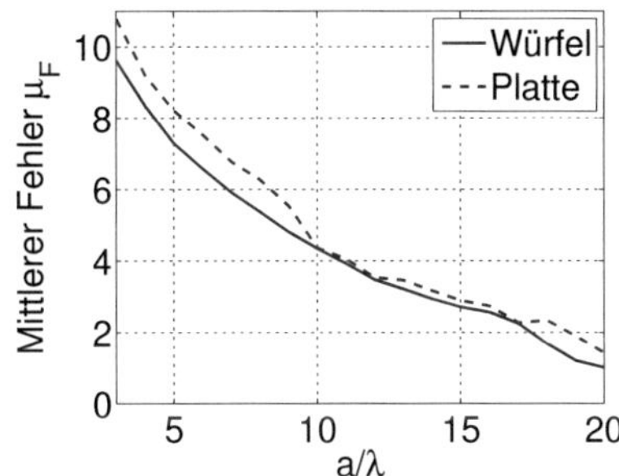

Bild 5.7: Mittlerer absoluter Fehler μ_F gemäß (5.22)

Für beide untersuchte Objekte kann ein mit der Frequenz abfallender Fehler festgestellt werden. Bei Kantenlängen ab $a > 12\lambda$ fällt der Fehler unter 3 dB. Für noch höhere Frequenzen ist sogar eine bessere Übereinstimmung der Ergebnisse möglich. Allerdings werden mit größerwerdenden Verhältnis a/λ die FDTD Simulationszeiten länger. Daher wird im Weiteren angenommen, dass die Objekte mit Kantenlängen kleiner als 12λ mit Hilfe der hybriden Methode berechnet werden müssen. Für größere Objekte ist die Genauigkeit des konventionellen Ray-Tracing Modells ausreichend.

Für komplexe oder gerundete Objektformen sowie für elektromagnetisch durchlässige oder inhomogene Medien kann die hybride Methode Vorteile auch bei größeren Objekten vorweisen, da mit FDTD beliebige Formen und Materialverteilungen ohne Mehraufwand simuliert werden können. Auch die Transmission durch Medien ist bei FDTD von Grund auf berücksichtigt, wogegen bei dem auf dem Spiegelungsprinzip basierten Ray-Tracing die Bestimmung der transmittierten Pfade mit Zusatzafwand verbunden ist. Daher ist die Transmission in der vorhandenen Version des *ihert3d* Simulators nur rudimentär implementiert.

5.3 Verifikation des hybriden Modells

Die Verifikation der hybriden Ray-Tracing/FDTD (RT/FDTD) Methode wird zunächst auf Basis der Simulationen der im vorherigen Absatz beschriebenen bistatischen Anordnung mit einer kleinen metallischen Platte durchgeführt. In Bild 5.8 ist der Betrag des gestreuten E-Feldes mit Ray-Tracing, FDTD und mit der hybriden Methode bei den Frequenzen 9,3 GHz und 62 GHz gezeigt.

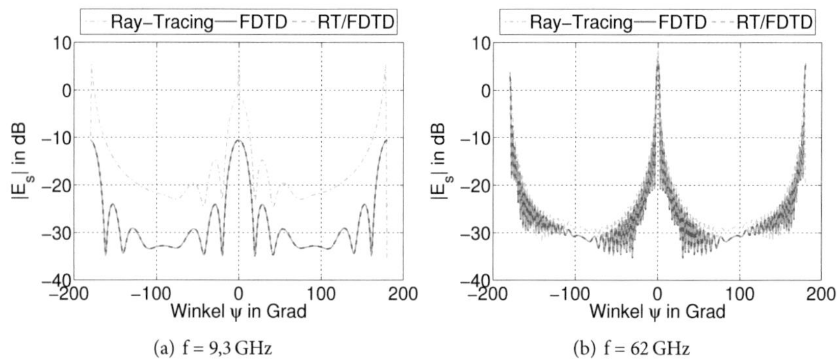

(a) f = 9,3 GHz   (b) f = 62 GHz

Bild 5.8: Bistatische Streuung von einer metallischen Platte

Die Ergebnisse der RT/FDTD Methode folgen dabei ideal den mit FDTD simulierten Ergebnissen. Im Gegensatz zu der FDTD Methode kann dieses Objekt mit Hilfe des hybriden Ansatzes mit relativ geringem Rechenaufwand innerhalb eines größeren Szenarios simuliert werden.

Um die Methode für ultrabreitbandige Kanäle zu testen werden Messdaten der monostatischen Streuung von einem kanonischen Objekt verwendet. Das Objekt ist ein metallisch beschichteter Holzblock mit einem quadratischen Querschnitt von 6×6 cm^2 und Höhe von 80 cm. Die Messanordnung entspricht der Anordnung in Bild 5.9. Dabei entspricht der Beobachtungswinkel stets dem Einfallswinkel. Der Einfallswinkel wird im Azimut ψ im Bereich $0° - 180°$ verändert, der Elevationswinkel bleibt konstant $\theta = 90°$.

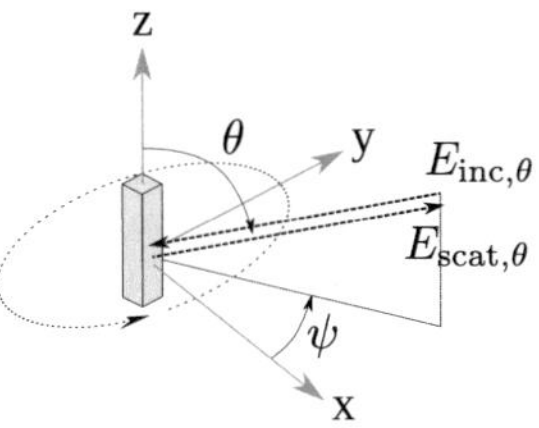

Bild 5.9: Anordnung für die Simulation der monostatischen Fernfeldstreuung

Die Messungen wurden mit einer korrelativen Kanalsonde der Firma MEDAV [STS+02] im Basisband bis 4,5 GHz an der Universität Duisburg-Essen durchgeführt. Verglichen werden die normierten Amplituden der Wellenfront für die Beobachtungswinkel 0° – 180° und das empfangene Zeitbereichssignal für die Richtung $\psi = 0°$. Die beiden Größen sind in Bild 5.10 für das gemessene und simulierte Signal dargestellt.

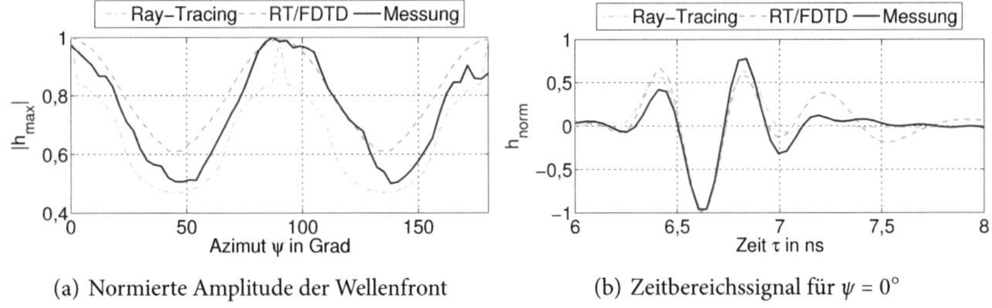

(a) Normierte Amplitude der Wellenfront

(b) Zeitbereichssignal für $\psi = 0°$

Bild 5.10: Amplitude der Wellenfront des an dem Testobjekt gestreuten Signals und Impulsantwort für Beobachtungswinkel $\psi = 0°$, $\theta = 90°$

Auch hier liefert das Ray-Tracing Modell einen hohen Peak beim Reflexionswinkel $\psi = 0°$, welcher viel stärker ist, als die gebeugten Beiträge. Dieser Effekt kommt in der hybriden Simulation nicht vor. Das zeigt, dass die Seitenflächen des Objekts zumindest in einer Richtung zu klein sind, um zuverlässig mit Ray-Tracing simuliert werden zu können. Die simulierten und gemessenen Signale im Zeitbereich stimmen gut überein. Der mit der hybriden Methode simulierte Puls schwingt stärker als der gemessene Puls nach. Dieses Nachschwingverhalten ist bereits in den mit FDTD simulierten Feldern zu beobachten und kann durch weitere Verfeinerung des FDTD Modells verringert werden.

Die hybride Methode ist auch gut geeignet, um inhomogene Objekte zu betrachten. Der Ray-Tracing Simulator berücksichtigt nur die Effekte an den Oberflächen und einfache Transmission durch homogene Medien. Mit Hilfe der FDTD Methode kann auch Streuung von den Inhomogenitäten innerhalb des betrachteten Objekts simuliert werden. Bild 5.11 zeigt einen Vergleich zwischen der RT/FDTD Simulation und der Messung eines dielektrischen Blocks mit einem rechteckigen Querschnitt von 40×20 cm^2. Für den dielektrischen Block wurde die Permittivitätszahl ε_r von ungefähr 2 mit der Ellipsometriemethode [SSW09] ermittelt. Im Block befindet sich ein kleineres metallisches Objekt mit einem rechteckigen Querschnitt von 20×10 cm^2 (vgl. Bild 5.13). Bei der Messung wird die in Bild 5.9 vorgestellte Anordnung verwendet und das gleiche Equipment sowie Frequenzband wie beim vorherigen Vergleich.

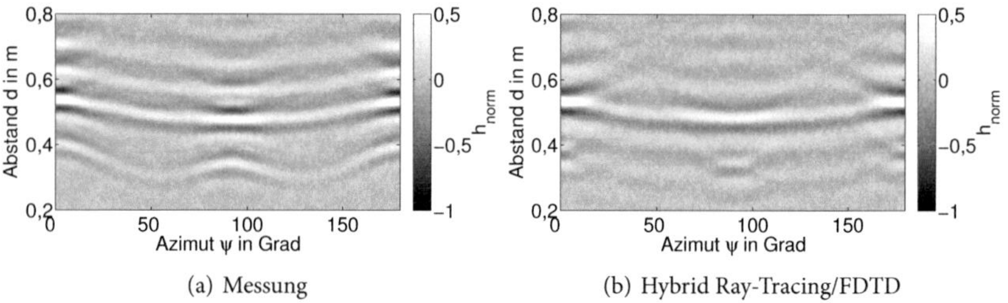

(a) Messung   (b) Hybrid Ray-Tracing/FDTD

Bild 5.11: Gemessene und simulierte Radargramme eines zusammengesetzten Objekts

In den gemessenen und simulierten Zeitbereichssignalen sieht man eine schwache erste Reflexion von der Oberfläche des dielektrischen Objekts bei einer Entfernung von ca. 0,4 m und eine stärkere Reflexion am metallischen inneren Objekt bei einer Entfernung von ca. 0,55 m. Die Verläufe der Wellenfronten stimmen bei der Simulation und Messung, trotz einer gewisser Unsicherheit in der Bestimmung der Materialparameter des dielektrischen Objekts, gut überein. Bei einer konventionellen Ray-Tracing Simulation wird nur die erste Wellenfront wiedergegeben.

Damit wird gezeigt, dass die RT/FDTD Methode gut die Streueigenschaften von kleinen Objekten wiedergibt. Der Vorteil der Methode gegenüber der reinen FDTD Simulation ist, dass diese Objekte in großen Szenarien eingesetzt werden können.

5.4 Anwendungen des hybriden Modells

5.4.1 Design von Kommunikationssystemen

Um die Eignung der hybriden Methode zur Simulation von Kommunikationssystemen zu überprüfen wurden in Szenario 2a (vgl. Abschnitt 4.4) Messungen durchgeführt. Die gemessenen Kanalimpulsantworten wurden anschließend mit simulierten Kanalimpulsantworten verglichen. Bei der Messung kam das in Absatz 4.3 beschriebene Messsystem zum Einsatz. Dabei wurde der Frequenzbereich 3,1 GHz –10,6 GHz betrachtet.

Die Positionen der Sende und Empfangsantennen sind in Absatz 4.4 in Bild 4.6 dargestellt. Für die Simulation wurden kleine Objekte wie Tischbeine, Kleingeräte, usw. durch Punktstreuer mit den aus FDTD-Simulationen ermittelten Streukoeffizienten ersetzt.

In den meisten Fällen konnte kein bedeutender Unterschied zwischen den mit der hybriden Methode und den mit dem konventionellen Ray-Tracing simulierten Kanalimpulsantworten festgestellt werden [PKW07]. Lediglich in Szenarien, in welchen sich ein kleines Objekt auf der direkten Linie zwischen dem Sender und Empfänger oder in ihre unmittelbarer Nähe befindet, wird die Amplitude des direkten Pfades besser nachgebildet. Ein Beispiel der gemessenen und simulierten Kanalimpulsantworten für einen solchen Fall ist in Bild 5.12 dargestellt.

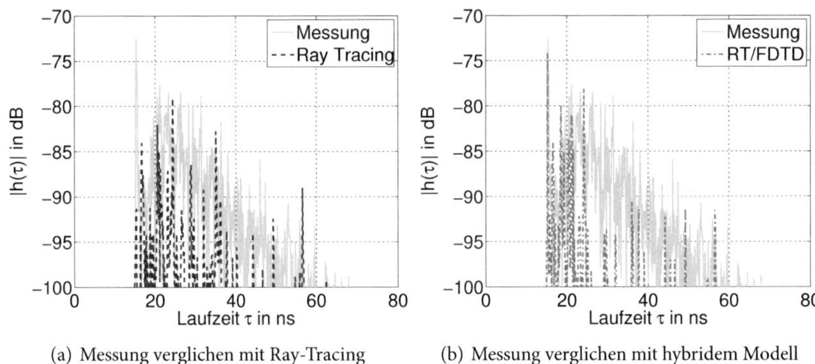

(a) Messung verglichen mit Ray-Tracing   (b) Messung verglichen mit hybridem Modell

Bild 5.12: Vergleich zwischen gemessenen und simulierten Kanalimpulsantworten für die Senderposition Tx_4 in Szenario 2a

Insgesamt ist die Verbesserung des simulierten Leistungsverzögerungspektrum durch die hybride Methode in komplexen Szenarien minimal. Die Simulationszeiten sind im Vergleich zu konventionellem Ray-Tracing erheblich länger. Sie steigen mit zunehmender Anzahl der mit FDTD zu simulierenden Objekte. Die Ergebnisse zeigen, dass es ausreichend ist, die hybride Methode auf die Objekte anzuwenden, welche sich in der unmittelbare Nähe des direkten Pfades befinden. Um die Übereinstimmung zwischen simulierten und gemessenen

Kanalimpulsantworten für längere Laufzeiten zu verbessern, ist diese Methode dagegen wenig geeignet. Daher wird in folgendem Kapitel ein statistisch basiertes Modell entwickelt, welches dieses Problem anspricht.

5.4.2 Design von bildgebenden Systemen

Obwohl das hybride Ray-Tracing/FDTD Modell bei Simulationen für das Design von Kommunikationssystemen nur geringfügige Vorteile gegenüber dem konventionellen Ray-Tracing Modell bietet, kann seine Fähigkeit, die von kleinen Details gestreuten Signale genau nachzubilden, gut zur Simulationen für bildgebenden Verfahren und Objekterkennung genutzt werden. Dabei ist oftmals das von bestimmten Szenarioelementen gestreute Signal von Interesse. Bei kleinen oder inhomogenen Objekten können diese Signale besser wiedergegeben werden. Dabei können die Mehrwegebeiträge von andern Objekten (z.B. Reflexionen an den Wänden des Raumes) in der simulierten Kanalimpulsantwort berücksichtigt werden.

Ein Anwendungsbeispiel hierzu sind die in Rahmen dieser Arbeit durchgeführten Simulationen zur Optimierung der Objekterkennungsalgorithmen. Diese Algorithmen werden in einem UWB-Sensorsystem zur Lokalisierung und Abbildung von Gebäudeinnenräumen in Katastrophenszenarien eingesetzt [SPWW08, SSJ$^+$08, TWTW10]. Das Ziel dieses Systems ist die Erstellung einer Karte der Umgebung, wenn optische Systeme nicht eingesetzt werden können (z.B. bei Rauch). Ferner eignet es sich zur Entdeckung von Bränden durch Analyse der Matrialeigenschaften, zur Bewertung der Stabilität von Räumen durch Analyse der Struktur der Objekte sowie zur Entdeckung von Personen und Überwachung von deren Vitalparametern.

Das System besteht aus einem mobilen Sensor, der zuerst grob die Form des Raumes erkennt und anschließend bestimmte Objekte, welche für die Stabilität des Raumes wichtig sind (z.B. Säulen) näher analysiert. Solche Objekte bestehen oft aus einem metallischen Kern und einer nichtmetallischen Ummantelung. Um die Unversehrtheit solcher Objekte zu überprüfen, muss die Form des inneren Kerns erkannt werden. Dies kann durch Anwendung des IBST (engl. *Inverse Boundary Scattering Transform*) Algorithmus erreicht werden [JSS$^+$09, SW10]. Zur Optimierung des Algorithmus und zur Erstellung von Referenzdaten für den Klassifizierungsalgorithmus werden Simulationen mit dem RT/FDTD Modell herangezogen. In Bild 5.13 ist das Ergebnis der Objekterkennung anhand von Messung und Simulation für das im vorherigen Abschnitt beschriebene zusammengesetzte Objekt dargestellt.

Trotz der geringen Abweichungen in der Form der empfangenen Kanalimpulsantworten, die in Bild 5.11 zu sehen sind, liefert die Objekterkennung identische Ergebnisse. Damit können Simulationen zur Erstellung von Referenzdatensätzen für die Klassifizierung der Objekte gut angewendet werden. Im Vergleich zu Messungen können solche Referenzdaten mit Hilfe

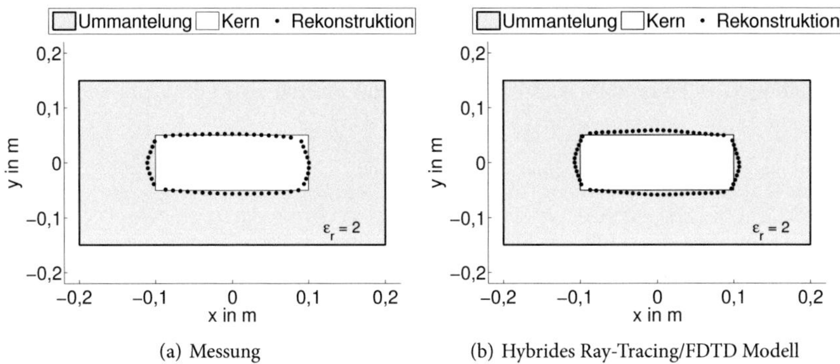

(a) Messung   (b) Hybrides Ray-Tracing/FDTD Modell

Bild 5.13: IBST Objekterkennung anhand von Messung und Simulation [SW10]

des RT/FDTD Modells schneller und kostengünstiger erstellt werden. Zudem können die realistischen Kanalimpulsantworten, welche sowohl die an dem Objekt gestreuten als auch die an den anderen Szenarioelementen reflektierten oder gebeugten Beiträge beinhalten gut zum Test und zur Optimierung der Objekterkennungverfahren verwendet werden.

5.5 Zusammenfassung

Zur Simulation großer Szenarien mit kleinen oder komplexen Details wurde in diesem Kapitel ein hybrides Ray-Tracing/FDTD Modell vorgestellt. Solche Verfahren wurden in der Literatur für Teilprobleme wie z.B schmalbandige Kanäle [WSNC00, YW01, WCSN02, YS04, RGRV04, RCV+06] oder 2D Ray-Launching Verfahren [SWP+03] vorgeschlagen. In dieser Arbeit wurde erstmals ein dreidimensionales hybrides Ray-Tracing/FDTD Modell für ultrabreitbandige Kanäle realisiert und anhand von FDTD Simulationen und Messungen verifiziert. Das Modell bietet bei kleinen Flächen eine bessere Genauigkeit als das konventionelle Ray-Tracing Modell. Weiterhin ist es möglich eine sehr genaue Simulation von Streuung an komplexen, inhomogenen Objekten durchzuführen, was im konventionellen Ray-Tracing Modell nicht möglich ist. Das hybride Modell ist daher sehr gut für Wellenausbreitungssimulationen für bildgebende Verfahren geeignet.

Zur Simulation von Kommunikationssystemen ist dagegen das Modell nur bedingt geeignet. Die Verbesserung der Simulationsgenauigkeit durch Anwendung des hybriden Verfahrens ist begrenzt und steht in keinem Verhältnis zum zusätzlichen Simulationsaufwand. Nur in den Situationen, in denen ein kleines Objekt direkt auf der Linie zwischen dem Sender und

Empfänger liegt, ist eine Verbesserung in Genauigkeit der Amplitude der gestreuten Pfade sichtbar. Insgesamt haben jedoch die Beiträge von den in der Simulation nicht berücksichtigten Streuprozessen wesentlich größern Einfluss auf die Form der Kanalimpulsantwort. Deshalb wird im Folgendem ein weiterer Ansatz zur Lösung dieses Problems vorgestellt.

6 Deterministisch-stochastisches Kanalmodell

Der in Kapitel 4 dargestellte Vergleich von Simulation und Messung zeigt, dass die mit Ray-Tracing simulierten Kanalimpulsantworten gegenüber der Messung wesentlich weniger Mehrwegebeiträge beinhalten. Dieser Effekt wurde auch in der Literatur z.B. in [LGBS06, JEPK06, LG07, PKW07] und [Nas08] aufgezeigt. In diesen Publikationen wird eine deutliche Unterschätzung des Kanalgewinns und der Impulsverbreiterung durch das Ray-Tracing Kanalmodell festgestellt. Auch der im vorherigen Kapitel vorgestellte Ansatz zur Modellierung von kleinen Objekten trägt nicht zur Steigerung der Anzahl von Mehrwegebeiträgen in den simulierten Kanalimpulsantworten bei.

Im Gegensatz zu Ray-Tracing Modellen liefern stochastische Kanalmodelle meistens realistischere, auf Messungen basierte, aber von der Geometrie des Szenarios entkoppelte Ergebnisse. Die Verzögerungen und Amplituden der einzelnen Pfade werden anhand von vorgegebenen statistischen Verteilungen generiert. Ein ähnliches Prinzip wird in geometrisch-stochastischen (GSCM, engl. *geometric-stochastic channel model*) Kanalmodellen genutzt [Füg09]. In diesem Fall werden allerdings die Streuer zufällig generiert und die Wellenausbreitung wird anschließend auf eine deterministische Weise berechnet. Damit kann eine partielle Abhängigkeit der Kanalimpulsantworten vom Szenario erreicht werden. Da die genauen Positionen und Eigenschaften der Streuer, welche die vom Ray-Tracing vernachlässigten Mehrwegebeiträge verursachen nicht bekannt sind, liegt es nahe, diesen Teil der Kanalimpulsantwort auf eine statistische Weise zu erstellen. Daher wird im Rahmen dieser Arbeit ein hybrides deterministisch-stochastisches Kanalmodell entwickelt, welches die konventionelle Ray-Tracing Methode mit statistisch verteilten Streuern ergänzt, um eine bessere Qualität der Wellenausbreitungsvorhersage zu erreichen. In diesem Kapitel wird das Grundprinzip des Modells, die Modellparametrisierung und schließlich die Verifikation des Modells mit Messungen beschrieben. Teile dieses Modells wurden in [JFZW09b, JFZW09a, JPZW10a, JPZW10b, JPFZ10] veröffentlicht.

6.1 Anforderungen an das neue Kanalmodell

Aus dem Vergleich zwischen Simulation und Messung (vgl. Kapitel 4) ist ersichtlich, dass die Anzahl der Ausbreitungspfade in Ray-Tracing Simulationen angehoben werden muss, um eine bessere Übereinstimmung der Kanalimpulsantworten und der Kanalparameter zu erreichen. Durch Anwendung von detailreicheren digitalen Modellen von Szenarien könnte die Genauigkeit des Modells bis zu einem gewissen Grad verbessert werden. Dadurch würde aber sowohl der Aufwand bei der Herstellung der Szenariomodelle als auch der Rechenaufwand bei den Ausbreitungssimulationen deutlich steigen. Zudem ist eine genaue Abbildung der stark gedämpften Ausbreitungspfade in der Regel nicht von großer Bedeutung.

In dieser Arbeit wird ein neuartiges Konzept zur Ergänzung von Streubeiträgen eingeführt, um eine bessere Übereinstimmung zwischen Simulation und Messung zu erreichen. Der Begriff diffuse Streuung wird typischerweise als Überbegriff für Oberflächen- und Volumenstreuungsprozesse verwendet. Dabei wird angenommen, dass die diffuse Streuung durch das betrachtete System weder räumlich noch zeitlich aufgelöst werden kann und unkorreliert ist - d.h. dass die Beiträge der diffusen Streuung an zwei benachbarten Stellen im Raum in Phase, Amplitude und Polarisation voneinander unabhängig sind [DELP98].

Da in UWB-Systemen eine sehr feine Zeitauflösung möglich ist, ist anzunehmen, dass viele der Beiträge, die in einem schmalbandigen System als diffus bezeichnet werden, aufgelöst werden können. In einem solchen Fall können die Streubeiträge nicht mehr als unkorreliert angenommen werden. Daher wird für die Bedürfnisse dieser Arbeit der Begriff der diffusen Streuung auf alle Streuprozesse erweitert, die nicht einem markantem Objekt im Szenario zugewiesen werden können. Dazu gehören die Oberflächenstreuung, die Streuung in inhomogenen Materialien sowie die Reflexions- und Beugungsprozesse an kleinen Strukturen, die im Szenariomodell nicht berücksichtigt sind. Dabei wird weder die Unkorreliertheit der Streubeiträge noch deren Unauflösbarkeit vorausgesetzt.

In Anbetracht dessen, können folgende Anforderungen an das Kanalmodell gestellt werden:

- Die vom Ray-Tracing Modell simulierten Kanalimpulsantworten sollen auf eine statistische Weise ergänzt werden. Gleichzeitig soll die Struktur der Kanalimpulsantwort nicht zu stark verändert werden.

- Die Wiedergabe der Sichtverbindungspfade zwischen dem Sender und dem Empfänger soll nicht verändert werden.

- Das Modell soll richtungsaufgelöst sein, um die Simulationen von Mehrantennensystemen zu ermöglichen.

- Die Kanalimpulsantworten sollen von der Szenariogeometrie abhängig sein, um die Simulation von bewegten Sendern/Empfängern zu ermöglichen.

- Die Implementierung der Streuung soll möglichst einfach sein, um die Simulationszeiten so wenig wie möglich zu verlängern.

Zunächst werden die in der Literatur vorhandenen Ansätze unter den hier betrachteten Gesichtspunkten ausgewertet, um die geeignetste Implementierungsmethode zu ermitteln.

6.2 Ansätze zur Modellierung der diffusen Streuung

Bisher wurden nur wenige Ansätze zur Einbeziehung von diffuser Streuung in Ray-Tracing Modelle veröffentlicht.

Eine einfache Methode ist in [Nas08] vorgeschlagen. Zu den mit Ray-Tracing simulierten Werten der Empfangsleistung und Impulsverbreiterung werden aus Messungen abgeleitete statistische Variablen addiert. Damit werden die simulierten Kanalparameter den gemessenen Werten angeglichen. Das resultierende Modell ist nur zur Simulation bestimmter Kenngrößen geeignet. Die Kanalimpulsantworten und die Richtungseigenschaften werden dadurch nicht verändert.

Ein Ansatz, der die Geometrie des Szenarios berücksichtigt, ist in [FMKW06, DEFVF07] vorgestellt. Die Flächen der im Szenario vorhandenen Objekte werden in kleine Elemente, welche die gestreuten Pfade liefern, aufgeteilt. Die Amplitude jedes Pfades ist vom Winkel, unter welchem er gestreut wird, abhängig. Sie wird entweder durch eine Lambert'sche (cosinusformige) Richtcharakteristik oder durch eine direktive Richtcharakteristik mit dem Maximum in der Reflexionsrichtung bestimmt. Die Abmessung der Elemente ist dabei so gewählt, dass die Beiträge von benachbarten Elementen durch das System nicht aufgelöst werden können. Die Phasen der Streubeiträge werden für jede Kanalrealisation zufällig generiert. Für schmalbandige Outdoor-Kanäle kann mit der Methode eine gute Simulationsqualität erreicht werden (vgl. [FPK$^+$06, MFP$^+$08]).

Dieser Ansatz wurde für ultrabreitbandige Kanäle in [LG07] erweitert. Obwohl die Qualität der Simulation bezüglich der Impulsverbreiterung des Kanals dadurch verbessert wurde, ist die Form der Kanalimpulsantwort stark verzerrt. Damit ist die Modellierung der Frequenzabhängigkeit beeinträchtigt. Zudem ist dieses Modell sehr rechenintensiv

In [RT07] werden auf allen Oberflächen des Szenarios Punktstreuer mit zufälligen, uniform verteilten Amplituden und Phasen platziert. Auch dieses Modell liefert keine vollständig mit den Messungen übereinstimmende Kanalimpulsantworten. Allerdings ist in diesem Fall die Struktur der Kanalimpulsantwort im Vergleich zu [LG07] verbessert. Das Modell wurde zwar nur schmalbandig eingesetzt, durch seine geometrische Basis ist es aber prinzipiell für UWB-Simulationen geeignet. Außerdem ist der zusätzliche Rechenaufwand, verglichen mit einer konventionellen Ray-Tracing Simulation, gering. Deshalb wird dieses Modellprinzip, wie in den folgenden Absätzen gezeigt, für UWB-Indoor-Simulationen angepasst und erweitert.

6.3 Untersuchung der Pfadherkunft

Um festzustellen, wie die Punktstreuer in einem Szenario platziert werden sollen, werden zunächst die Einfallswinkel der in den Ray-Tracing Simulationen fehlenden Mehrwegebeiträge untersucht. Aus diesen Winkeln kann geschlossen werden, auf welchen Szenarioelementen die Streuprozesse stattfinden. Für diesen Zweck werden im Szenario 1a richtungsaufgelöste Messungen durchgeführt. Da hier auch die sehr schwachen Ausbreitungspfade von Interesse sind, welche bei der Kanalschätzung möglicherweise nicht korrekt erkannt werden, wird hier die Rotationsmethode eingesetzt (vgl. Absatz 4.1).

Der Empfänger wird in der Mitte des Raums platziert, damit die Fernfeldbedingung für die meisten Objekte im Raum erfüllt ist. Als Antenne wird hier ein 8×1 Array aus 4-Ellipsen-Antennen eingesetzt (vgl. Abschnitt 4.3 und Anhang A.1). Durch die Drehung der Antenne um 360 Grad in der Azimutebene mit einem Schritt von 3 Grad kann die Einfallsrichtung der einzelnen Wellen bestimmt werden. Der Sender mit einer Monokon-Antenne wurde an den fünf in Bild 4.6 gekennzeichneten Positionen Tx_1 - Tx_5 gesetzt.

In einem äquivalenten Ray-Tracing Szenario wurden Simulationen durchgeführt. Dabei wurden die gemessenen Richtcharakteristiken der Antennen in den Simulationen berücksichtigt.

In Bild 6.1 sind die resultierenden gemessenen und simulierten PDPs für Senderposition Tx_1 und Tx_5 dargestellt. Dabei ist zur Bestimmung der Winkel ψ das in Bild 4.6(a) eingezeichnete Koordinatensystem angenommen.

Weil an dieser Stelle auf die Entfaltung der Antennnenrichtcharakteristika aus den Kanalimpulsantworten verzichtet wurde, können sowohl in der gemessenen als auch in den simulierten PDPs die charakteristischen Verläufe der transienten Kanalimpulsantworten des Arrays beobachtet werden (vgl. [Sör07]). Diese Verläufe bilden für jede einfallende Welle ein Muster mit einem mittig gelegenen Maximum und über der Zeit aufgespreizten Nebenkeulen. Die Lage des Maximums jedes dieser Muster entspricht der Richtung der einfallenden Welle.

Für die stärksten Beiträge stimmen die Verzögerungszeiten und die Einfallswinkel in der Messung und in der Simulation sehr gut überein. Es kann jedoch beobachtet werden, dass in der Messung diese Beiträge oft durch eine beachtliche Anzahl an schwächeren Pfaden begleitet werden, welche in der Simulation nicht auftreten. Das ist z.B. beim Einfallswinkel $\psi \approx 130°$ und der Verzögerung $\tau \approx 20\,\text{ns}$ für Tx_1 oder bei $\psi \approx 300°$ und $\tau \approx 20\,\text{ns}$ für Tx_5 sichtbar. Solche Pfadgruppen werden als Cluster bezeichnet [Czi07, Füg09]. Allerdings wurde bisher angenommen das die Cluster durch Gruppierungen der dominanten reflektierten und gebeugten Ausbreitungspfaden entstehen. Hier wird gezeigt, dass auch diffuse Komponenten eine stark ausgeprägte Richtungsselektivität zeigen und hauptsächlich um diese

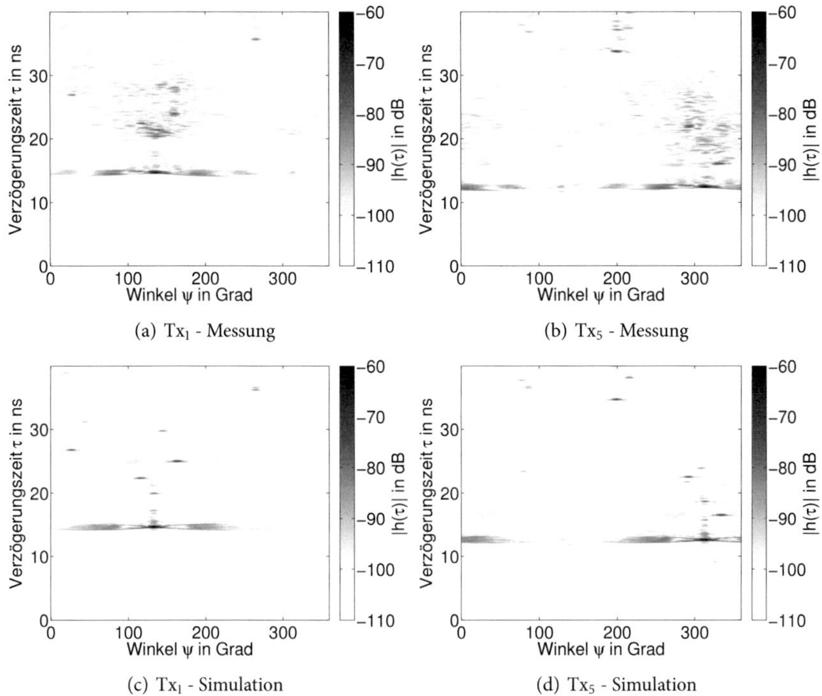

(a) Tx_1 - Messung

(b) Tx_5 - Messung

(c) Tx_1 - Simulation

(d) Tx_5 - Simulation

Bild 6.1: Gemessene und simulierte winkelabhängige Leistungsverzögerungsspektren für die Senderpositionen Tx_1 und Tx_5

dominanten Komponenten gruppiert sind. Ein solches Verhalten wurde auch für NLOS Indoor Szenarien in [QOHDD10] beobachtet.

In der Literatur wird üblicherweise angenommen, dass die diffuse Streuung durch die Rauigkeit und Unregelmäßigkeit der Oberflächen entsteht [DELP98, DEFVF07]. In dem oben dargestellten Szenario ist jedoch die Rauigkeit der Materialoberflächen in dem betrachteten Frequenzbereich vernachlässigbar. Es befinden sich im Raum auch sehr wenige kleine Details, die nicht modelliert wurden. Die Pflanzen und Stühle wurden für die Zeit der Messung aus dem Zimmer entfernt. Aus Radarmessungen in benachbarten Räumen [Li09] kann man schließen, dass die Interaktionen außerhalb des Zimmers durch die Betonwände zu stark gedämpft werden, um einen wesentlichen Einfluss auf die gemessene Kanalimpulsantwort zu haben. Dadurch können die zusätzlichen Mehrwegebeiträge eigentlich nur an Inhomogenitäten der Objekte in dem Szenario entstehen, wie z.B. Leerräume, Objekte in den Schränken oder Strukturelemente der Wände.

Diese Ergebnisse zeigen, dass die gleichmäßige Verteilung der Punktstreuer auf allen Oberflächen wie es in [RT07] vorgeschlagen wurde nicht zweckmäßig ist. Eine solche Verteilung in den Indoor-Szenarien, die von allen Seiten durch Wände eingeschlossen sind, würde zu gleichverteilten Einfallswinkeln führen. Um den in Bild 6.1 gezeigten Effekt zu erreichen sollen die zusätzlichen Streuer so platziert werden, dass ihre Beiträge räumlich und zeitlich mit den Reflexionen korreliert sind. Aus diesen Erkenntnissen wird im Folgenden die Struktur des neuen Modells abgeleitet.

6.4 Modellprinzip

6.4.1 Modellierung von einfachen Streuprozessen

Die zusätzlichen Streubeiträge werden mit Hilfe von Punktstreuern generiert. Dazu werden, wie in Bild 6.2 dargestellt, N_{scat} Streuer um jede Reflexionsstelle im Szenario auf der Reflexionsfläche platziert.

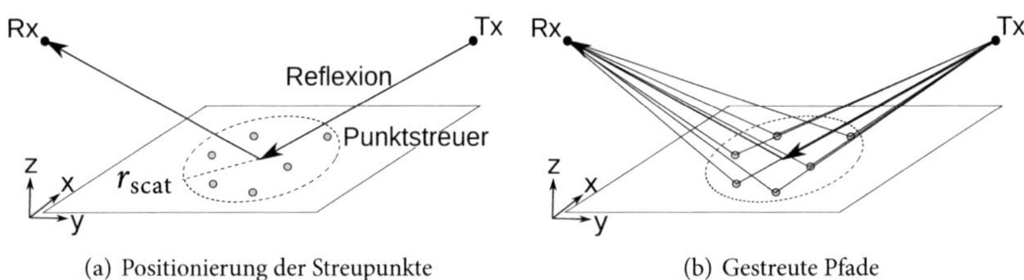

(a) Positionierung der Streupunkte (b) Gestreute Pfade

Bild 6.2: Platzierung der Streuer

Die Position der Streuer innerhalb solcher Cluster ist gleichverteilt in $x-$ und $y-$Richtung und die maximale Entfernung der Streuer zum Reflexionspunkt ist r_{scat}. Sollten auf diese Weise Streupunkte ausserhalb des betrachteten Raumes generiert werden, werden sie vor der Simulation aus der Szenariodatei entfernt. Durch die Verteilung der Streuer um die Reflexionsstelle wird für die gestreuten Pfade eine Einfallsrichtung am Empfänger erreicht, welche der Einfallsrichtung des reflektierten Pfades ähnelt. Auch die Laufzeiten der gestreuten und reflektierten Pfade bleiben in einem ähnlichem Bereich. Damit werden Cluster mit dem reflektierten Pfad in der Mitte gebildet.

Das an einem einzelnen Streupunkt gestreute Feld wird gemäß der Streufeldbeschreibung aus Absatz 5.2.1, (5.21) berechnet. Da die Messungen bei vertikal ausgerichteten Antennen am Sender und Empfänger durchgeführt wurden, wird im Folgenden nur die $\underline{S}_{vv}$ Komponente betrachtet und fortan als $\underline{S}$ bezeichnet. Die Bestimmung der restlichen Polarisationskomponenten kann ebenfalls auf die in diesem Kapitel beschriebene Weise anhand von dual-polarisierten Messungen erfolgen.

Durch die geometrische Verschiebung der Streupunkte gegenüber dem Reflexionspunkt wird eine zusätzliche Zeitverzögerung der gestreuten Pfade generiert. Wegen der Entfernung d im Nenner von (5.21) nimmt die Amplitude der einzelnen Beiträge mit der Entfernung ab. Den im vorherigen Absatz dargestellten Messergebnissen kann entnommen werden, dass die Amplituden der Streupfade in der gleichen Großenordnung wie die Amplitude des reflektierten Pfades sind. Da die Reflexionsstärke von den Materialeigenschaften der Fläche und des Einfallswinkels abhängt, ist es sinnvoll, die Streukoeffizienten mit den Fresnel-Koeffizienten des reflektierten Pfades zu verknüpfen. Zusätzlich wird jedem Streuer eine zufällige Anfangsphase φ zugeordnet, welche für alle Kanalrealisationen innerhalb des Szenarios gleich bleibt. Aus diesen Überlegungen ergibt sich folgender Ausdruck für den Streukoeffizienten:

$$\underline{S} = a_{\text{scat}} \cdot \underline{\Gamma} \cdot e^{-j\varphi} \tag{6.1}$$

$\underline{\Gamma}$ entspricht dabei dem Fresnel-Koeffizient des reflektierten Pfades. a_{scat} bezeichnet einen Proportionalitätsfaktor, welcher anhand von Messungen so zu bestimmen ist, dass die beste Übereinstimmung zwischen Simulation und Messung erreicht wird. Der Einfluss dieses Faktors auf die Impulsantwort ist in Bild 6.3 gezeigt. Die dargestellten Impulsantworten werden in einem einfachen Szenario simuliert, das nur eine Fläche und eine Reflexionsstelle beinhaltet. Um diese Reflexionsstelle werden $N_{\text{scat}} = 16$ Streuer in einem Radius von $r_{\text{scat}} = 1\,\text{m}$ platziert. Die beiden Antennen sind als ideale isotrope Strahler modelliert und symmetrisch vor der Fläche in einer Entfernung von $1{,}56\,\text{m}$ und im Abstand von $0{,}2\,\text{m}$ zueinander aufgestellt. In den Kanalimpulsantworten ist der Reflexionspfad bei $\tau = 10{,}2\,\text{ns}$ und die Beiträge der Streupunkte sichtbar. In den vier Simulationen werden lediglich die Werte des Parameters a_{scat} geändert. Die Anzahl der Streuer, deren Position und Anfangsphasen bleiben dagegen unverändert.

Das Verhalten der Impulsantworten zeigt, dass durch die Änderung des Parameters a_{scat} das Verhältnis zwischen den Amplituden der reflektierten und gestreuten Pfade einfach angepasst werden kann. Es ist auch zu erkennen, dass die Anzahl der in der Kanalimpulsantwort sichtbaren Beiträge kleiner ist als $N_{\text{scat}} = 16$. Das bedeutet, dass nicht alle Beiträge aufgelöst werden. Damit wird ein gewisser Grad an Fading zum Model hinzugefügt. Ein anderer wichtiger Punkt ist, dass in der Simulation die Verzögerungszeit der Streubeiträge in Bezug auf den reflektierten Pfad bis zu $2\,\text{ns}$ beträgt. Damit ist die zeitliche Spreizung der Beiträge

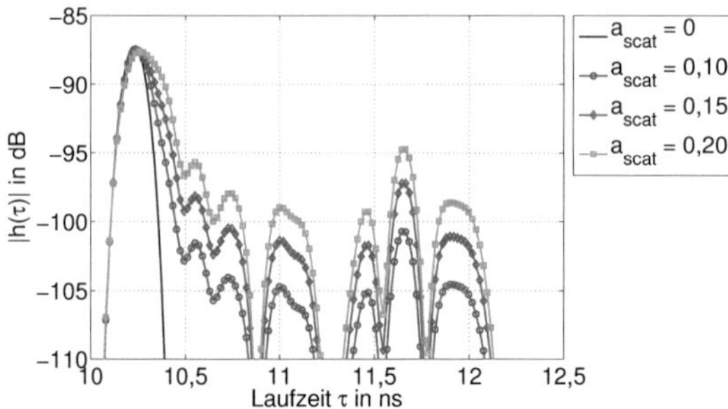

Bild 6.3: Einfluss des Parameters a_{scat} auf die simulierte Impulsantwort

relativ gering. Aus den in Kapitel 4 gemessenen Kanalimpulsantworten ist ersichtlich, dass die diffusen Anteile auch bei langen Laufzeiten auftreten. Deshalb müssen auch die Reflexionspfade höherer Ordnung (d.h. mit zwei oder mehr Reflexionen) durch die Streuer ergänzt werden.

6.4.2 Modellierung von mehrfachen Streuprozessen

Um den Effekt der Streuung für Pfade höherer Ordnung zu implementieren, ist ein Verfahren denkbar, das bereits in Ray-Launching Modellen zur Berechnung der Streuung von rauen Oberflächen zum Einsatz kommt. Dabei werden bei jeder Reflexion die Streupfade zufällig generiert [Did00, RCV+05] und weiterverfolgt, bis sie auf den Empfänger treffen. Um das zu realisieren, müssten die Streuer um die Punkte der Reflexionen von höherer Ordnung platziert werden und durch das einfallende Feld ausgeleuchtet werden, wie in Bild 6.4(a) gezeigt. Die Implementierung eines solchen Ansatzes wäre aber in einem Ray-Tracing Modell sehr aufwendig und würde enorme Rechenzeiten zur Folge haben, da die Streuer in die Pfadsuche einbezogen werden müssten.

Deshalb wird hier ein einfacherer Ansatz vorgeschlagen. Die um die Interaktionen der höheren Ordnung platzierten Streuer werden als einfache Streuer simuliert. D.h für jeden Streuer wird ein Ausbreitungspfad generiert, welcher vom Sender über Streuer zum Empfänger läuft (vgl. Bild 6.4(b)). Um die Laufzeit dieser Pfade an die Laufzeit des reflektierten Pfades anzupassen, wird der Streukoeffizient um den Faktor $e^{-jk_0\delta_{scat}}$ erweitert. Dadurch wird der gestreute Pfad im Zeitbereich zusätzlich um δ_{scat} verzögert. Diese Verzögerung wird dabei an die Pfadlänge zwischen dem ersten und letzten Reflexionspunkt geknüpft: $\delta_{scat} = d_\Delta/c_0$ (vgl. Bild 6.4(a)). Auf diese Weise werden die Ankunftszeiten der einzelnen Beiträge der Impulsantwort besser über die Zeit verteilt.

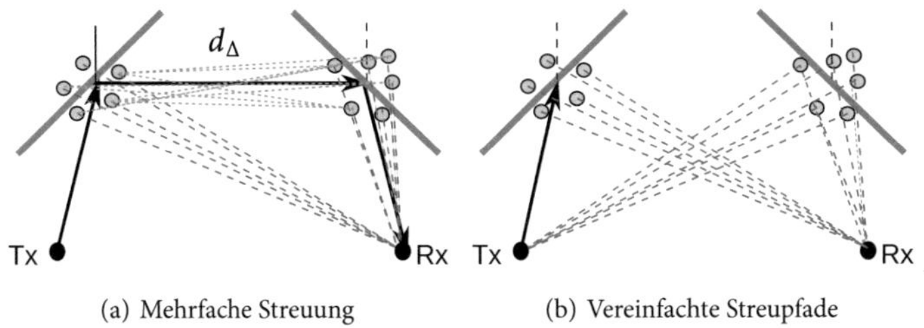

(a) Mehrfache Streuung (b) Vereinfachte Streupfade

Bild 6.4: Realisierung der Streuer um die Interaktionen der höheren Ordnung

Weil keine Interaktionen höherer Ordnung zwischen den Streuern möglich sind, ist die Berechnungszeit des Streuanteils verglichen zur Berechnungszeit der anderen Ausbreitungseffekte gering.

Da die Feldstärke im Beobachtungspunkt bei einem Streuprozess schneller als bei einer Reflexion mit der Entfernung abnimmt, werden bei großen Laufzeiten die Amplituden der gestreuten Beiträge sehr klein [GW98]. Um dem entgegenzuwirken, wird für den Streukoeffizienten ein zusätzlicher Parameter p_{scat} eingeführt, welcher die Amplituden der Streubeiträge für längere Laufzeiten anhebt. Damit wird der Streukoeffizient wie folgt beschrieben:

$$\underline{S} = \left(a_{\text{scat}} + p_{\text{scat}} \cdot \delta_{\text{scat}} \right) \cdot \underline{\Gamma} \cdot e^{-jk_0 \delta_{\text{scat}}} \cdot e^{-j\varphi} \tag{6.2}$$

Das Modell wird damit durch vier Parameter bestimmt:

- N_{scat}: Anzahl der Streuer um jeden Reflexionspunkt
- r_{scat}: Radius um den Reflexionspunkt in dem die Streuer platziert werden
- a_{scat}: Amplitudenfaktor für kurze Laufzeiten
- p_{scat}: Amplitudenfaktor für lange Laufzeiten

Die Werte dieser Parameter werden im Folgenden mit Hilfe der Messungen ermittelt.

6.5 Ableitung der Modellparameter

Den vier Modellparametern sollen anschließend die Werte zugewiesen werden, welche die Abweichung zwischen den simulierten und gemessenen Kanalmetriken minimieren. Dabei werden als Metriken folgende Kanal- und Systemkenngrößen verwendet:

- D_{F}: Funkfelddämpfung.
- σ_τ: Impulsverbreiterung.

- $C_{4\times4}$: Kapazität eines 4×4 MIMO-Systems mit einer uniformen Leistungsverteilung bei einem SNR am Empfänger von 10 dB .

Aufgrund der großen Anzahl an Simulationen und Messungen wird die Winkelspreizung nicht zur Ermittlung der Modellparameter werwendet, da sie erst nach einer rechen- und zeitaufwendigen Kanalschätzung bestimmt werden kann.

Mit Ausnahme von N_{scat}, welcher diskret ist, können die Modellparameter beliebige, nicht ganzzahlige Werte annehmen. Aus diesem Grund wäre der Einsatz von Optimierungsverfahren wie z.B. Brute-Force-Methode (engl. brute-force search) oder *simulated annealing* zur Ermittlung der optimalen Parametersätze mit extrem langen Rechenzeiten verbunden. Deshalb werden in dieser Arbeit zuerst die Abhängigkeiten der simulierten Kenngrößen von den Modellparametern untersucht. Anhand von diesen Zusammenhängen wird ein Parametersatz gewählt, welcher zu einer möglichst guten Übereinstimmung der betrachteten Metriken führt.

6.5.1 Bestimmung des Suchbereiches

Zunächst wird eine grobe Abschätzung der möglichen Modellparameter in einem sehr einfachen Szenario durchgeführt. Die hier ermittelten Parameter werden als Ausgangspunkt für die Parametersuche in den drei im Abschnitt 4 genannten Szenarien verwendet. Das Testszenario beinhaltet nur eine Fläche und kann daher sehr schnell simuliert werden. Dadurch werden Simulationen mit einer großen Anzahl verschiedener Parametersätze möglich.

Die zum Vergleich verwendeten Messungen wurden in einem Gang mit einem Querschnitt 2 m (Breite) $\times$ 3 m (Höhe) durchgeführt. Bei der Messung kommen die in Kapitel 4 beschriebenen Geräte und dual-polarisierten Vivaldi-Antennen zum Einsatz. Die beiden Antennen werden gegenüber der Wand in einem Abstand von 1,5 m zur Wand, 1 m zum Boden und 0,2 m zueinander platziert. Mit Hilfe des Positionierers werden mehrere Punkte entlang der Wand angefahren und vermessen (vgl. Bild 6.5).

Um die Reflexionen von anderen Flächen (Boden, Decke, andere Wände) zu unterdrücken, wird die Messung wiederholt. Dabei wird die Mitte der Wand durch eine Mikrowellenabsorberplatte bedeckt. Die Dämpfung des Absorbers in dem hier genutzten Frequenzbereich liegt laut dem Datenblatt bei 35 dB. Die Größe der Absorberplatte ist 1,2 m $\times$ 2 m. Weil das Szenario während der Messung an jedem Punkt statisch war, können die Ausbreitungspfade, die mit dem Wandausschnitt unter dem Absorber interagieren, extrahiert werden:

$$h_{\text{Wand}}(\tau) = h_{\text{ohne Absorber}}(\tau) - h_{\text{mit Absorber}}(\tau) \qquad (6.3)$$

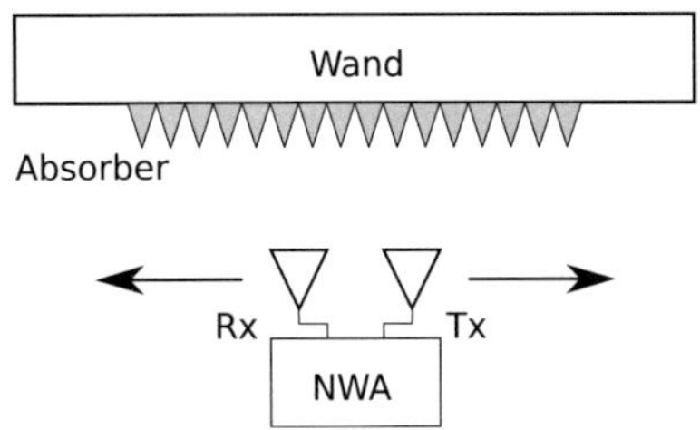

Bild 6.5: Messanordnung zur Bestimmung des Suchbereiches

Dabei werden auch die mehrfachen Reflexionen berücksichtigt, vorausgesetzt dass zumindest eine der Reflexionen auf der betrachteten Fläche stattfindet. Der nutzbare Dynamikbereich ist hier durch die Absorberdämpfung begrenzt. Die aus den so gewonnenen Kanalimpulsantworten ermittelte Funkfelddämpfung und Impulsverbreiterung beträgt 46,6 dB und 3,1 ns. Da die Messkonfiguration nur eine Sende- und eine Empfangsantenne beinhaltet, kann die MIMO-Kapazität an dieser Stelle nicht ausgewertet werden.

Diese Messkonfiguration wird für die Ray-Tracing Simulationen modelliert und mit verschiedenen Parametern der Streupunkte simuliert. Dabei wird, um die Simulationszeit zu verringern, die Ermittlung der Streupfade von der Ermittlung der Reflexions- und Beugungspfade getrennt. Nur der Streuteil wird wiederholt simuliert, und deren Kanalimpulsantwort der Kanalimpulsantwort überlagert, in der nur direkte Sichtverbindung, Reflexion und Beugung berücksichtigt werden. Das ist zulässig, weil keine gemischten Streu- und- Reflexionspfade oder Streu- und Beugungspfade existieren (vgl. Abschnitt 6.4.2). Ferner sind die Streuer punktförmig, so dass sie keine anderen Objekte abschatten können. Durch die Platzierung der Streuer um die existierenden Reflexionspunkte besteht immer Sichtverbindung zu allen Streuern.

Für jede so erhaltene Kanalimpulsantwort werden die Kenngrößen Funkfelddämpfung und Impulsverbreiterung ermittelt und mit den gemessenen Werten verglichen. Durch die stochastische Natur der Streuer kommt es zu einer gewissen Spreizung dieser Werte. Daher werden die Simulationen für jeden Parametersatz 50 mal wiederholt und die beiden Kenngrößen über diese Realisierungen gemittelt. Damit wird sichergestellt, dass bei dem Vergleich mit der Messung keine extremen Werte der beiden Kenngrößen verwendet werden.

Die Bilder 6.6 und 6.7 zeigen die Abhängigkeit der beiden Kanalkenngrößen von den Modellparametern.

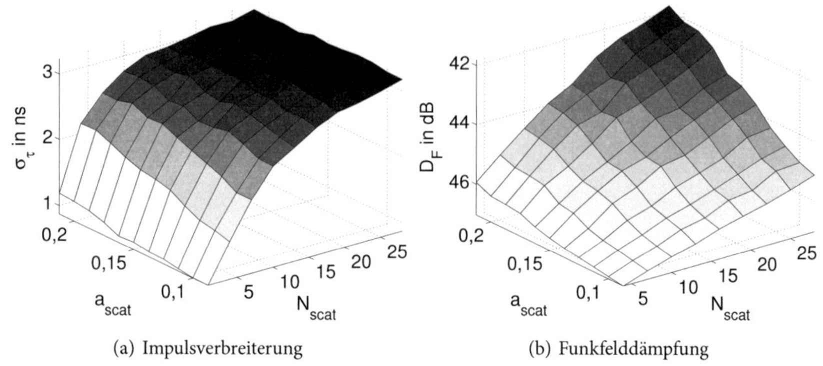

(a) Impulsverbreiterung   (b) Funkfelddämpfung

Bild 6.6: Abhängigkeit der Impulsverbreiterung und der Funkfelddämpfung von den Modellparametern N_{scat} und a_{scat} bei $r_{scat} = 1\,\text{m}$ und $p_{scat} = 0{,}05$. Die gemessenen Werte betragen $D_F = 46{,}6\,\text{dB}$ und $\sigma_\tau = 3{,}1\,\text{ns}$.

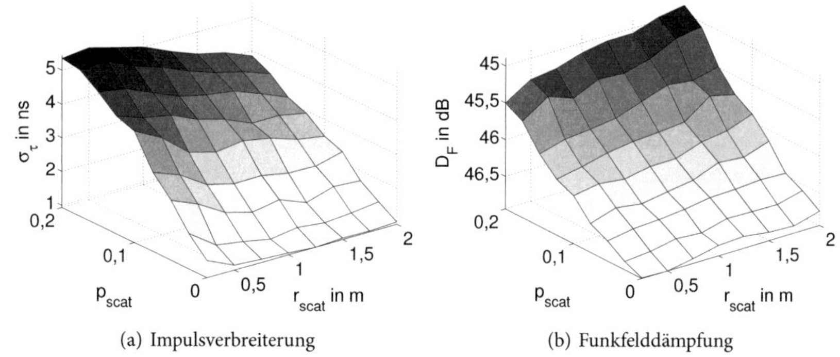

(a) Impulsverbreiterung   (b) Funkfelddämpfung

Bild 6.7: Abhängigkeit der Impulsverbreiterung und der Funkfelddämpfung von den Modellparametern r_{scat} und p_{scat} bei $N_{scat} = 16\,\text{m}$ und $a_{scat} = 0{,}15$. Die gemessenen Werte betragen $D_F = 46{,}6\,\text{dB}$ und $\sigma_\tau = 3{,}1\,\text{ns}$.

Aus den gezeigten Flächen lassen sich klare Trends erkennen:

- Die Impulsverbreiterung steigt monoton mit steigendem N_{scat}, a_{scat}, p_{scat} und sinkt monoton mit steigenden r_{scat}.
- Die Funkfelddämpfung sinkt monoton mit steigenden N_{scat}, a_{scat}, p_{scat} und r_{scat}, wobei die Steigerung mit r_{scat} sehr langsam ist.

Anschließend wird die absolute Abweichung zwischen simulierten und gemessenen Werten der Empfangsleistung und der Impulsverbreiterung berechnet

$$
\begin{aligned}
F_{D_F,abs}(X) &= \left| D_{F,Mess} - D_{F,Sim}(X) \right| \\
F_{\sigma_\tau,abs}(X) &= \left| \sigma_{\tau,Mess} - \sigma_{\tau,Sim}(X) \right|,
\end{aligned}
\tag{6.4}
$$

wobei X für einen beliebigen der vier Modellparameter steht. Anhand der beiden Werte werden die Parameterwerte bestimmt, die den geringsten Fehler liefern. Diese Werte werden für weitere Untersuchungen als Ausgangspunkt X_0 verwendet. Da das absolute Minimum des Fehlers $F_{D_F,abs}(X)$ nicht unbedingt mit dem absoluten Minimum des Fehlers $F_{\sigma_\tau,abs}(X)$ übereinstimmt, wird der optimale Parametersatz wie folgt bestimmt:

- Parametersätze X_D und X_{σ_τ} werden so bestimmt, dass der Fehler unter 0,5 dB bzw. 0,5 ns liegt: $F_{D,abs}(X_D) < 0,5$ dB und $F_{\sigma_\tau,abs}(X_{\sigma_\tau}) < 0,5$ ns.

- Die Schnittmenge $X_\cap \in X_D \cap X_{\sigma_\tau}$ wird bestimmt.

- Die Parameter des Ausgangspunkts X_0 werden als Mittelwerte der einzelnen Parameter in der Schnittmenge $X_\cap$ berechnet und ggf. gerundet.

Anschließend werden die Wertebereiche der Parameter definiert, für welche im Folgenden die Suche durchgeführt wird. Die Wertbereiche werden von unten durch $\min(X_D \cup X_{\sigma_\tau})$ und von oben durch $\max(X_D \cup X_{\sigma_\tau})$ begrenzt und ggf. so erweitert, dass die untere und obere Grenze symmetrisch um den Ausgangspunkt liegen. Daraus ergeben sich die in der Tabelle 6.1 angegebenen Parameter des Ausgangspunktes und Suchbereiche.

Parameter	N_{scat}	r_{scat} in m	a_{scat}	p_{scat}
Ausgangspunkt X_0	16	1	0,15	0,05
Suchbereich	4–28	0,5–1,5	0,1–0,2	0–0,1

Tabelle 6.1: Parametersatz des Ausgangspunktes und Suchbereiche für die einzelne Parameter

6.5.2 Bestimmung der Interaktionsordnung zur Platzierung der Streupunkte

Eine weitere Größe, die sich indirekt auf die Simulationsergebnisse auswirkt, ist die maximale Ordnung der Mehrwegebeiträge, welche mit den zusätzlichen Streuern ergänzt werden. In dem einfachen Szenario im vorherigen Absatz sind nur wenige Reflexionen höherer Ordnung vorhanden. In realistischen Szenarien können aber relevante Ausbreitungspfade mit mehreren Interaktionspunkten gefunden werden. In diesem Absatz wird der Einfluss der

Streuer untersucht, die nach dem in Absatz 6.4.2 vorgestellten Modell um Interaktionspunkte höherer Ordnung platziert werden. Da die Amplitude der gestreuten Welle sehr schnell mit dem Abstand abklingt, ist zu erwarten, dass die Streuer um die Interaktionspunkte hoher Ordnung nur einen geringen Einfluss auf die Kanalimpulsantwort haben.

Um das zu analysieren, werden Simulationen in Szenarien 1 und 3 (vgl. Absatz 4.4) durchgeführt. In beiden Szenarien wird die erste Position auf dem linearen Positioner als Sender angenommen. Der Empfänger wird in der Mitte des Positioniertisches platziert. Zuerst wird die Anzahl der Reflexionen der Ordnungen 1 bis 5 bestimmt. Die Werte sind in Bild 6.8 zu sehen.

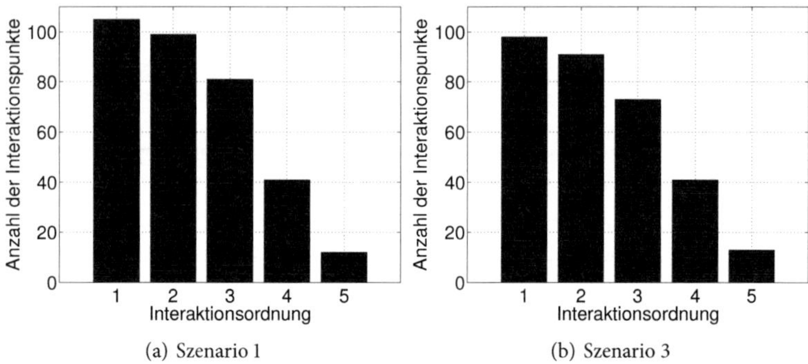

(a) Szenario 1   (b) Szenario 3

Bild 6.8: Anzahl der Reflexionspunkte vs. Reflexionsordnung

Die Verteilung ist in beiden Szenarien sehr ähnlich, und zeigt, dass die Reflexionen der 5-ten Ordnung ungefähr 3% der Gesamtanzahl an Reflexionen ausmachen. Die Reflexionen der 4-ten Ordnung machen weitere 12% aus. Dadurch lässt sich durch vernachlässigen der Reflexionspunkte der 4-ten und 5-ten Ordnung die Anzahl der Streuer um 15% verringern.

Um die minimal notwendige Interaktionsordnung zu ermitteln, werden in den in Absatz 4.4 beschriebenen Szenarien 1 bis 3 für die oben beschriebene Antennenkonfiguration Simulationen durchgeführt. Dabei wird die höchste Interaktionsordnung variiert, bei welcher die Streuer um den Interaktionspunkt platziert werden. Bei den Simulationen mit höherer Ordnung werden lediglich zusätzliche Streuer um die betroffenen Interaktionspunkte verteilt. Die Streuer um die Punkte der niedrigeren Ordnung bleiben dabei unverändert. Die Simulationen werden für verschiedene Werte von a_{scat} und p_{scat} durchgeführt. Weil p_{scat} die Amplituden der Streubeiträge mit langen Laufzeiten bestimmt und a_{scat} die Amplituden der Beiträge mit kurzen Laufzeiten gewichtet, ist zu Erwarten, dass der Einfluss der Interaktionen höherer Ordnung von diesen beiden Parametern stark abhängig ist. Die übrigen Modellparameter entsprechen den Parametern des Ausgangspunkts in der Tabelle 6.1.

Aus jeder Simulation wird die Funkfelddämpfung und Impulsverbreiterung ermittelt. Deren Werte sind für unterschiedliche Werte der Parameter a_{scat} und p_{scat} in Bild 6.9 für Szenario 1 gezeigt.

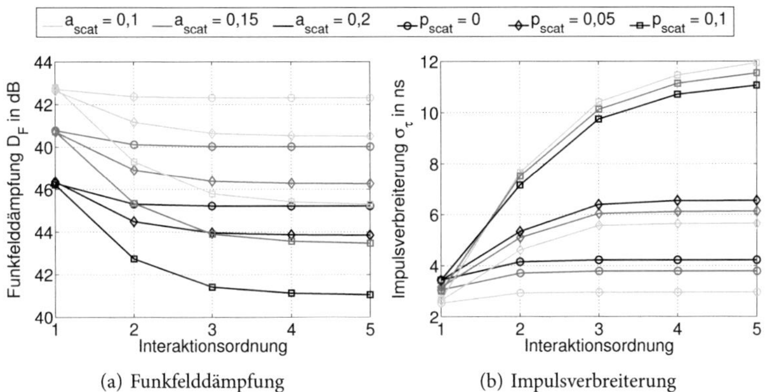

(a) Funkfelddämpfung   (b) Impulsverbreiterung

Bild 6.9: Einfluss der Interaktionsordnung auf die Werte der Funkfelddämpfung und Impulsverbreiterung für $N_{scat} = 16$ und $r_{scat} = 1\,\mathrm{m}$ in Szenario 1

Aus den Kurven geht hervor, dass der Einfluss der Streuer auf die Kanalparameter mit der Interaktionsordnung abnimmt. Bei größeren Werten von p_{scat} ist diese Abnahme langsamer als bei kleinen Werten. Der Einfluss des Parameters a_{scat} ist hier vernachlässigbar. Ab der dritten Ordnung ist die Änderung der Kanalparameter sehr gering auch bei großen p_{scat}. Die Analyse der Werte in den Szenarien 2 und 3 liefert das gleiche Fazit. Daher werden im Folgenden Streuer nur um die Reflexionspunkte bis zur 3-ten Ordnung verteilt.

6.5.3 Analyse des Einflusses der Modellparameter auf die Kanaleigenschaften

Zur Parametrisierung des Modells für realistische Szenarien werden die Daten der in Absatz 4.5 beschriebenen Messungen verwendet. Da das Szenario wesentlich mehr Objekte beinhaltet als das Szenario aus Absatz 6.5.1 sind die Rechenzeiten wesentlich länger. Um tragbare Simulationszeiten zu erreichen, muss die Anzahl der getesteten Parametersätze begrenzt werden. Deshalb werden im Folgenden die Modellparameter einzeln variiert. Die Werte der restlichen Parameter werden dabei auf die Werte des Ausgangspunkts X_0 (vgl. Tabelle 6.1) gesetzt. Auch in diesem Fall werden mehrere Kanalrealisationen für jeden Parametersatz generiert und die Werte der Kanalparameter werden über alle Realisationen gemittelt.

Für jede Kanalrealisation werden die Streupunkte für alle Positionen des Senders und Empfängers nur einmal verteilt. Für die Verteilung werden die Reflexionspunkte für die erste Position des Senders auf dem linearen Positionierer und für die Empfängerposition in der Mitte des Positioniertisches verwendet. Insgesamt werden hier 4 Senderpositionen (erste vier Positionen auf dem linearen Positionierer) und alle Positionen des Empfängers auf dem Positioniertisch betrachtet. Aus den simulierten Daten werden die Funkfelddämpfung und die Impulsverbreiterung sowie die 4×4 MIMO-Kapazität für allen möglichen 4-elementigen Arrays berechnet, welche aus den Antennenpositionen auf dem Positioniertisch synthetisiert werden können, (vgl. Absatz 4.5.2). Dabei bleibt das Empfängerarray immer gleich ausgerichtet wie das Senderarray.

In Bild 6.10 sind die kumulativen Verteilungsfunktionen (CDF) der Kanalparameter für die Messung (Mess.), das konventionelle Ray-Tracing Modell (RT) und das hybride Ray-Tracing Modell für unterschiedliche Werte von N_scat und a_scat im Szenario 1 gezeigt. Die Verteilungen für die Szenarien 2 und 3 sowie für die restlichen Modellparameter sind in Anhang A.3 gezeigt.

Die aus der hybriden Simulation gewonnenen Kenngrößen liegen wesentlich näher an den gemessenen Werten als die Kenngrößen aus der konventionellen Ray-Tracing Simulation. Dabei stimmt die Verteilung der Werte aus der hybriden Simulation mit der Verteilung der gemessenen Werte bei der Funkfelddämpfung und MIMO-Kapazität in der Regel gut überein. Ähnlich wie im einfachen Szenario ist die Verschiebung der CDF-Kurven abhängig von den Modellparametern sichtbar:

- Erwartungsgemäß sinkt die Funkfelddämpfung proportional zur Anzahl der Streuer. Die zusätzlichen Streuer rufen zusätzliche Ausbreitungspfade hervor. Wegen der sehr hohen Bandbreite ist die Wahrscheinlichkeit der destruktiven Interferenz relativ gering. Damit steigt die Gesamtenergie der Kanalimpulsantwort. Ferner sinkt die Funkfelddämpfung mit steigenden Proportionalitätsfaktoren a_scat und p_scat.

- Die Werte der Impulsverbreiterung steigen stark mit N_scat und p_scat. Mit steigender Anzahl der Streuer steigt auch die Wahrscheinlichkeit, dass stärkere Beiträge mit langen Laufzeiten am Empfänger ankommen, was die Impulsverbreiterung erhöht. Weiterhin tragen die starken Beiträge bei langen Laufzeiten zur höheren Impulsverbreiterung bei.

- Steigender a_scat resultiert in steigender Impulsverbreiterung in den Szenarien 2 und 3. In Szenario 1 sinkt die Impulsverbreiterung mit steigendem Wert von a_scat.

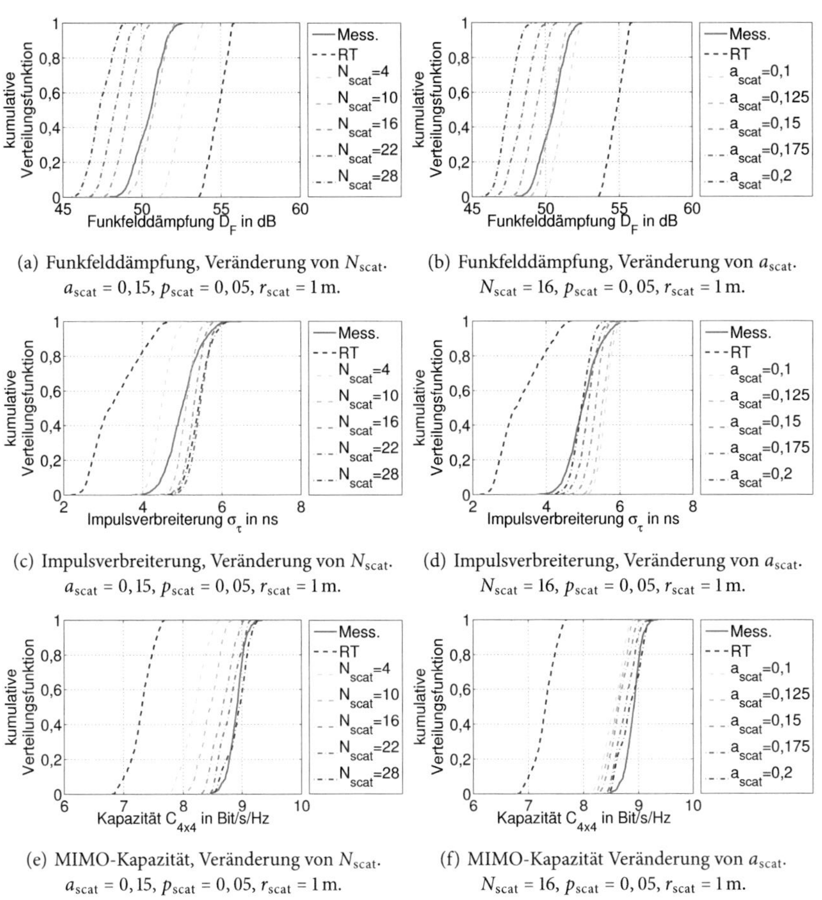

(a) Funkfelddämpfung, Veränderung von N_{scat}.
$a_{\text{scat}} = 0,15$, $p_{\text{scat}} = 0,05$, $r_{\text{scat}} = 1\,\text{m}$.

(b) Funkfelddämpfung, Veränderung von a_{scat}.
$N_{\text{scat}} = 16$, $p_{\text{scat}} = 0,05$, $r_{\text{scat}} = 1\,\text{m}$.

(c) Impulsverbreiterung, Veränderung von N_{scat}.
$a_{\text{scat}} = 0,15$, $p_{\text{scat}} = 0,05$, $r_{\text{scat}} = 1\,\text{m}$.

(d) Impulsverbreiterung, Veränderung von a_{scat}.
$N_{\text{scat}} = 16$, $p_{\text{scat}} = 0,05$, $r_{\text{scat}} = 1\,\text{m}$.

(e) MIMO-Kapazität, Veränderung von N_{scat}.
$a_{\text{scat}} = 0,15$, $p_{\text{scat}} = 0,05$, $r_{\text{scat}} = 1\,\text{m}$.

(f) MIMO-Kapazität Veränderung von a_{scat}.
$N_{\text{scat}} = 16$, $p_{\text{scat}} = 0,05$, $r_{\text{scat}} = 1\,\text{m}$.

Bild 6.10: Wahrscheinlichkeitsverteilungen der gemessenen und simulierten Kanalparameter in Abhängigkeit von N_{scat} und a_{scat} in Szenario 1

- Der Radius r_{scat} hat eine sehr geringe Auswirkung auf die betrachteten Kenngrößen.

- Die MIMO-Kapazität steigt mit allen Modellparametern. Die beste Übereinstimmung der Kapazitätswerte ist für die höchsten Werte aller Parameter zu beobachten.

Unter den untersuchten Parametersätzen ist kein Parametersatz vorhanden, welcher die beste Übereinstimmung aller drei Metriken liefert. Es besteht damit immer ein Trade-off zwischen den Werten der Funkfelddämpfung und der Kapazität.

6.5.4 Wahl der Parameter

Die Entscheidung über den Parametersatz wird anhand der Werte der mittleren Abweichung zwischen Messung und hybriden Simulation getroffen. Für jeden betrachteten Parametersatz werden mittlere relative Fehler der Dämpfung $\bar{F}_{\mathrm{D,rel}}$, Impulsverbreiterung $\bar{F}_{\sigma_\tau,\mathrm{rel}}$ und der Kapazität $\bar{F}_{\mathrm{C,rel}}$ bestimmt. Der relative Fehler wird dabei für die jeweilige Kenngröße X nach folgender Formel berechnet:

$$F_{\mathrm{X,rel}} = \frac{X_{\mathrm{Messung}} - X_{\mathrm{Simulation}}}{X_{\mathrm{Messung}}} \tag{6.5}$$

Die Mittelung erfolgt hier über alle betrachteten Positionen und alle Realisierungen.

In den Bildern 6.11 und 6.12 sind die Werte des mittleren Fehlers für alle Modellparameter in den drei Szenarien gezeigt.

Es ist sichtbar, dass die relativen Kapazitätsfehler verglichen zu den Fehlern der Dämpfung und Impulsverbreiterung gering sind. Deshalb werden die Parameterwerte anhand der letzteren beiden Kenngrößen gewählt. Die Werte von $\bar{F}_{\mathrm{D,rel}}$ in den Szenarien 2 und 3 nähern sich mit steigenden Werten von N_{scat}, a_{scat} und p_{scat} der Null. Im Szenario 1 wird das Fehlerminimum für $N_{\mathrm{scat}} = 10$ erreicht, danach steigt der Fehlerbetrag. $\bar{F}_{\sigma_\tau,\mathrm{rel}}$ ist in den Szenarien 1 und 2 für alle untersuchte Werte von N_{scat} und a_{scat} sehr klein, steigt aber deutlich in allen Szenarien für Werte von $p_{\mathrm{scat}} > 0,025$. In Szenario 3 steigt der Fehlerbetrag auch mit steigenden N_{scat} und a_{scat} und ist generell höher als in den restlichen Szenarien. Der Wert von r_{scat} hat nur einen sehr geringen Einfluss auf alle betrachteten Kanalkenngrößen.

Basierend auf diesen Beobachtungen wird zunächst der Wert von $p_{\mathrm{scat}} = 0,03$ gewählt, welcher eine noch akzeptable Abweichung der Impulsverbreiterung bietet. Im Vergleich zum Ausgangspunkt mit $p_{\mathrm{scat}} = 0,05$ steigen dabei die Werte der Dämpfung. Um das auszugleichen, wird der Wert von a_{scat} auf 0,2 gesetzt. Damit werden auch die Werte der MIMO-Kapazität angehoben. Die restlichen Parameter werden direkt aus dem Referenzparametersatz in der Tabelle 6.1 übernommen. Damit wird das hybride Modell wie folgt parametrisiert:

- Anzahl der Streuer um jeden Interaktionspunkt: $N_{\mathrm{scat}} = 16$.

- Radius um den Interaktionspunkt in welchem die Streuer platziert werden: $r_{\mathrm{scat}} = 1\,\mathrm{m}$.

- Die Amplitudenfaktoren für kurze Laufzeiten $a_{\mathrm{scat}} = 0,2$ und für lange Laufzeiten $p_{\mathrm{scat}} = 0,03$.

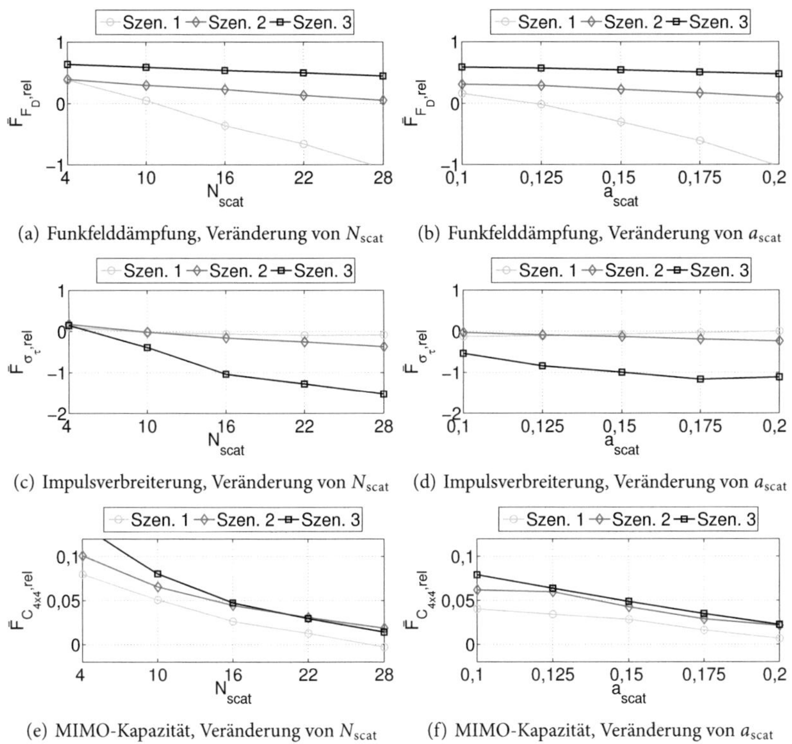

(a) Funkfelddämpfung, Veränderung von N_{scat}

(b) Funkfelddämpfung, Veränderung von a_{scat}

(c) Impulsverbreiterung, Veränderung von N_{scat}

(d) Impulsverbreiterung, Veränderung von a_{scat}

(e) MIMO-Kapazität, Veränderung von N_{scat}

(f) MIMO-Kapazität, Veränderung von a_{scat}

Bild 6.11: Mittlere relative Abweichung zwischen gemessenen und simulierten Kanalparametern bei Veränderung von N_{scat} und a_{scat} bei $p_{\text{scat}} = 0,05$, $r_{\text{scat}} = 1\,\text{m}$

Die Verifikation des Modells in den folgenden Kapiteln zeigt, dass diese Parameter eine sehr gute Simulationsqualität liefern. Allerdings sind die hier gewählten Parameter nicht unbedingt optimal für alle betrachtete Szenarien. Durch Anwendung von Optimierungsverfahren mit einem größeren Suchbereich kann prinzipiell eine noch bessere Anpassung an die gemessenen Werte erreicht werden.

6.5.5 Kenngrößenstreuung durch statistische Verteilung

Da die Positionen und Phasen der Streuer statistisch verteilt sind, variieren die Kanalimpulsantworten und die Kanalkenngrößen für unterschiedliche Szenariorealisationen mit glei-

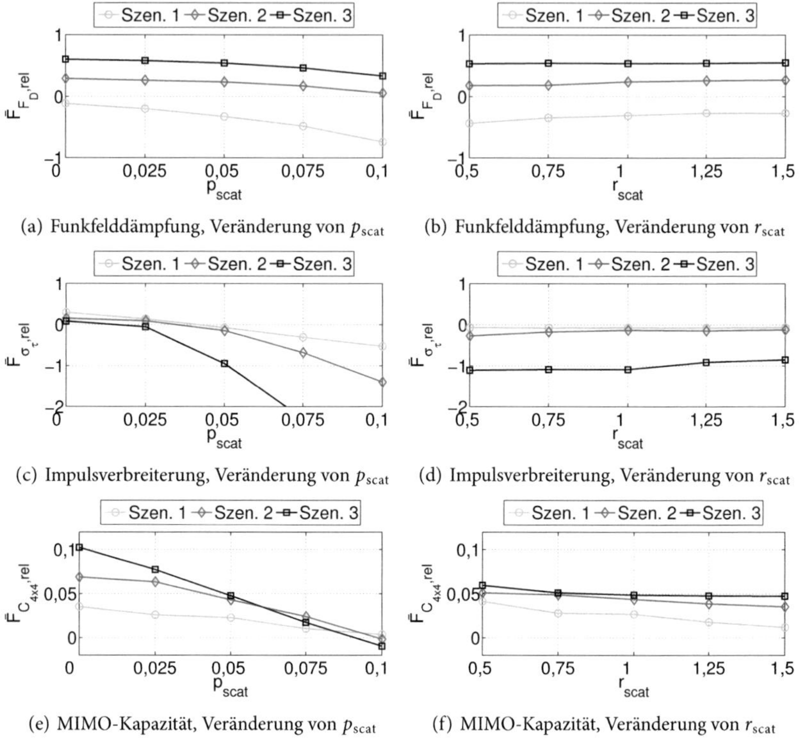

(a) Funkfelddämpfung, Veränderung von p_{scat} (b) Funkfelddämpfung, Veränderung von r_{scat}

(c) Impulsverbreiterung, Veränderung von p_{scat} (d) Impulsverbreiterung, Veränderung von r_{scat}

(e) MIMO-Kapazität, Veränderung von p_{scat} (f) MIMO-Kapazität, Veränderung von r_{scat}

Bild 6.12: Mittlere relative Abweichung zwischen gemessenen und simulierten Kanalparametern bei Veränderung von p_{scat} und r_{scat} bei $N_{\text{scat}} = 16$ und $a_{\text{scat}} = 0,15$

chem Modellparametersatz um einen gewissen Betrag. Im Folgenden wird das Ausmaß dieser Schwankung untersucht. Für diesen Zweck werden 40 Kanalrealisationen mit den im vorherigen Abschnitt bestimmten Parametern generiert. Anhand der Simulationen werden die Kanalkenngrößen aus den einzelnen Kanalimpulsantworten bestimmt. Bild 6.13 zeigt die daraus ermittelten kumulativen Verteilungsfunktionen der Kanalparameter in Szenario 1.

Aus den CDFs geht hervor, dass die Varianz der Kenngrößen relativ gering ist. Um diese Varianz näher zu charakterisieren, werden nun die über alle Positionen gemittelten absoluten Fehler $\bar{F}_{\text{D}/\sigma_\tau/\text{C,abs}}$ zwischen den gemessenen und simulierten Kanalparametern für alle 40

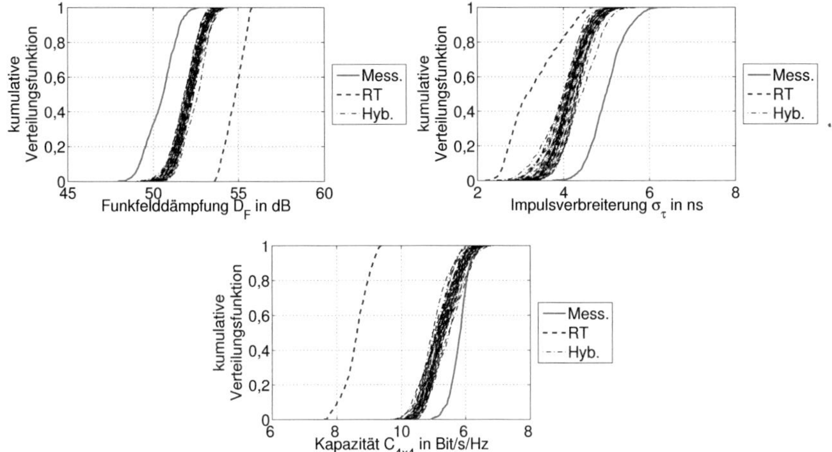

Bild 6.13: Kumulative Verteilungen der Kanalkenngrößen im Szenario 1 für Messung (Mess.), konventionelles Ray-Tracing (RT) und 40 Realisierungen des hybriden Ray-Tracing Modells (Hyb.) für $N_{\text{scat}} = 16$, $a_{\text{scat}} = 0,2$, $p_{\text{scat}} = 0,03$ und $r_{\text{scat}} = 1\,\text{m}$

Realisierungen betrachtet. Die daraus ermittelten Mittelwerte μ_F und Standardabweichungen σ_F sind in Tabelle 6.2 angegeben. Die Standardabweichungen sind sehr gering. Damit ist sichergestellt, dass für zwei verschiedene Kanalrealisationen mit gleichen Modellparametern ähnliche Ergebnisse erzielt werden. Als Vergleichswert ist der mittlere absolute Fehler zwischen Messung und konventionellem Ray-Tracing Modell in Klammern angegeben.

Die so erhaltenen Werte bestätigen, dass das hybride Modell eine beachtliche Verbesserung der Simulationsqualität ermöglicht. Alle Fehler werden deutlich gesenkt, auch wenn in wenigen Fällen dadurch eine Abweichung in negativer Richtung, d.h. Überschätzung der Impulsverbreiterung oder Unterschätzung der Funkfelddämpfung, aufgetreten ist.

6.6 Verifikation

Zur Verifikation wird nun eine Realisierung des hybriden Modells mit den Messungen bezüglich der Kanalkennfunktionen (Leistungsverzögerungs- und Azimutspektrum) und der in Absatz 4.5 gewählten Metriken (Funkfelddämpfung, Impulsverbreiterung, Winkelspreizung und MIMO-Kapazität) verglichen. Zuerst wird der Vergleich anhand der Empfängerstrecke entlang der Positioniertischkante durchgeführt.

Bewertungsgröße		Szenario 1		Szenario 2		Szenario 3	
Funkfelddämpfung	$\mu_{\tilde{F}_{D_F,abs}}$	1,64	(4,34)	-0,07	(1,98)	1,68	(3,27)
D_F in dB	$\sigma_{\tilde{F}_{D_F,abs}}$	0,15	-	0,24	-	0,07	-
Impulsverbreiterung	$\mu_{\tilde{F}_{\sigma_\tau,abs}}$	0,83	(1,70)	0,04	(1,23)	-0,76	(1,81)
σ_τ in ns	$\sigma_{\tilde{F}_{\sigma_\tau,abs}}$	0,11	-	0,12	-	0,10	-
Kapazität	$\mu_{\tilde{F}_{C_{4x4},abs}}$	0,27	(1,60)	0,31	(1,23)	0,44	(1,99)
C_{4x4} in Bit/s/Hz	$\sigma_{\tilde{F}_{C_{4x4},abs}}$	0,05	-	0,04	-	0,04	-

Tabelle 6.2: Mittelwerte und Standardabweichungen der mittleren absoluten Fehler zwischen der hybriden Simulation und Messung, welche aus der Kanalparameterstreuung wegen der zufälligen Positionen und Anfangsphasen der Streuer resultieren. Die Werte in Klammern entsprechen dem mittleren Fehler des konventionallen Ray-Tracing Modells.

In Bild 6.14 sind die gemessenen und die mit dem hybriden Ray-Tracing Modell simulierten Leistungsverzögerungsspektren und Azimutspektren für Szenario 1 dargestellt. Zum besseren Vergleich werden hier auch die Ergebnisse des konventionellen Ray-Tracing Modells gezeigt. Die entsprechenden Spektren für Szenarien 2 und 3 können dem Anhang A.4 entnommen werden.

Verglichen mit dem konventionellen Ray-Tracing beinhalten die mit der hybriden Methode simulierten PDPs wesentlich mehr Beiträge und sind den gemessenen PDPs sehr ähnlich. Die wesentliche Struktur des Kanals bleibt dabei erhalten. Die starken Reflexionspfade können in dem PDP identifiziert werden. Die Abklingrate des simulierten PDPs stimmt mit der Abklingrate des gemessenen PDPs hervorragend überein. Die Azimutspektren bestätigen, dass auch das räumliche Verhalten des Kanals wesentlich besser nachgebildet ist.

In den Bildern 6.15 und 6.16 sind die Verläufe der vier betrachteten Kanalkenngrößen über die Messstrecke zu sehen. Bis auf wenige Ausnahmen (Impulsverbreiterung im Szenario 3) ist der Verlauf der aus dem hybriden Modell gewonnenen Kenngrößen deutlich besser nachgebildet.

Zum Schluss werden die Mittelwerte μ_F und die Standardabweichungen σ_F der Fehler zwischen Simulation und Messung für alle Positionen in Szenarien 1, 2 und 3 in der Tabelle 6.3 zusammengestellt. In Klammern sind die entsprechenden Werte für das konventionelle Ray-Tracing Modell angegeben (vgl. Tabelle 4.4). Der Vergleich zeigt, dass die Qualität der Simulation für alle vier bewerteten Kenngrößen deutlich verbessert wurde.

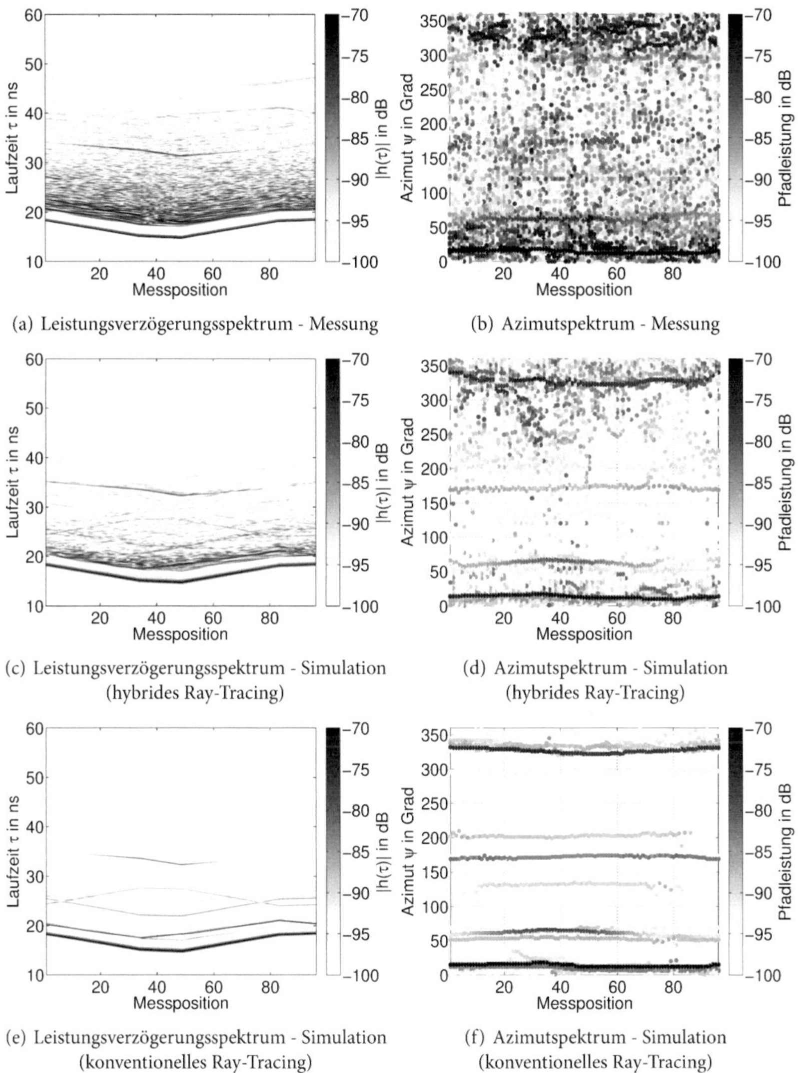

(a) Leistungsverzögerungsspektrum - Messung

(b) Azimutspektrum - Messung

(c) Leistungsverzögerungsspektrum - Simulation
(hybrides Ray-Tracing)

(d) Azimutspektrum - Simulation
(hybrides Ray-Tracing)

(e) Leistungsverzögerungsspektrum - Simulation
(konventionelles Ray-Tracing)

(f) Azimutspektrum - Simulation
(konventionelles Ray-Tracing)

Bild 6.14: Leistungsverzögerungsspektren und Azimuthspektren für Szenario 1

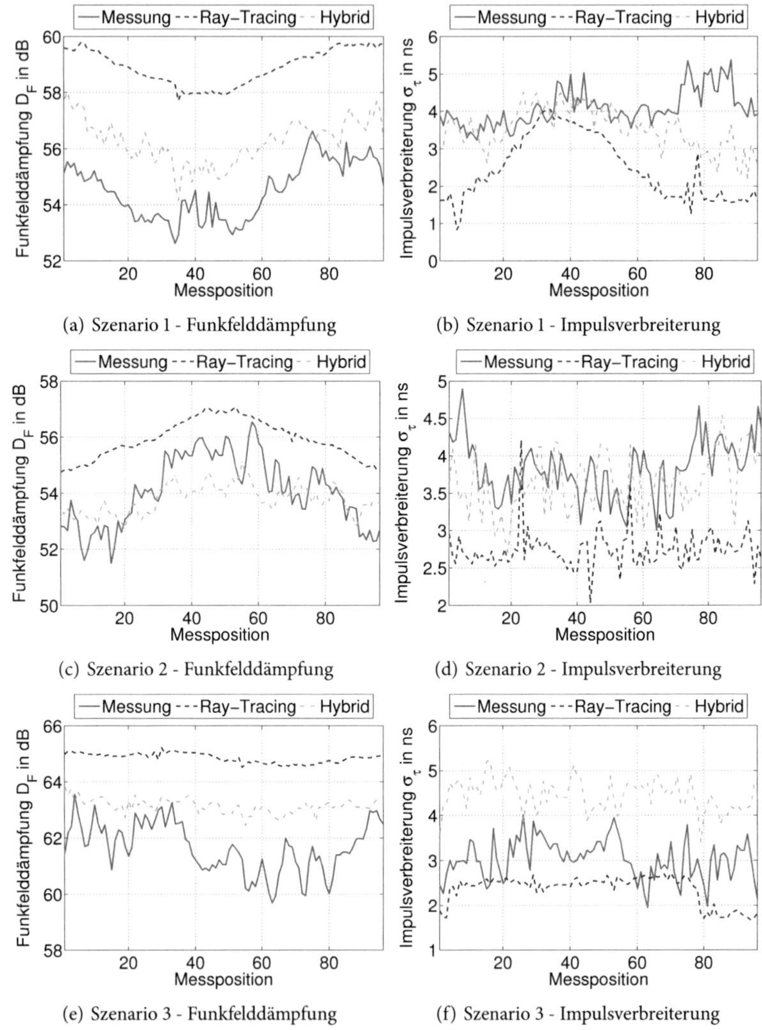

Bild 6.15: Funkfelddämpfung und Impulsverbreiterung

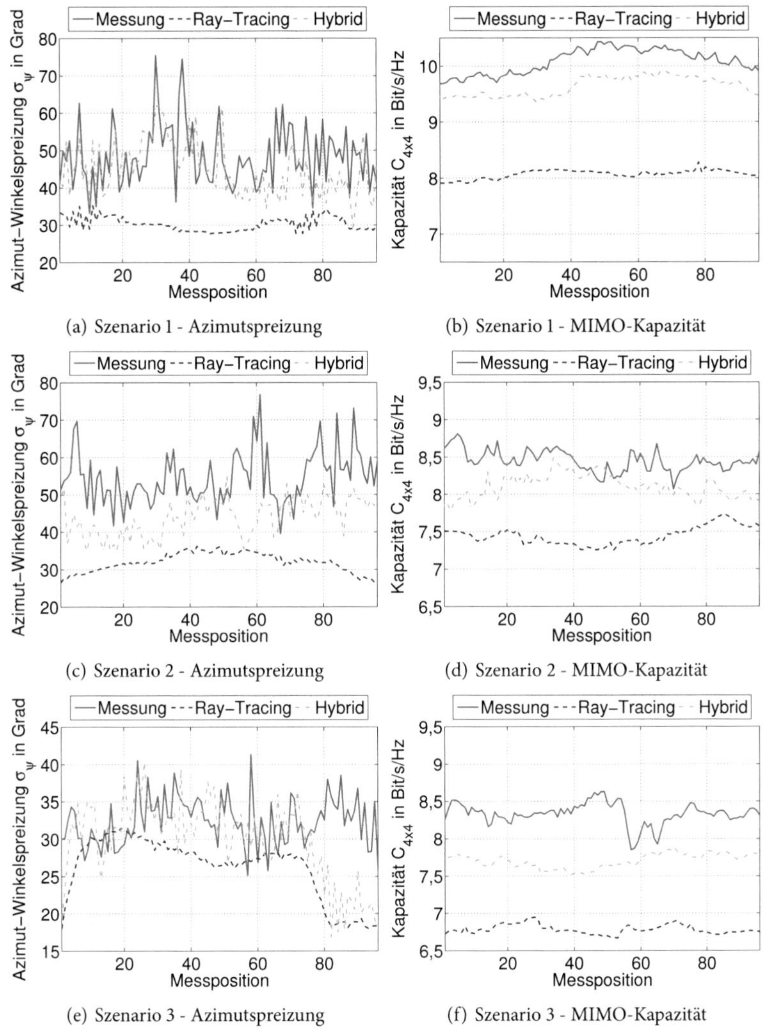

(a) Szenario 1 - Azimutspreizung

(b) Szenario 1 - MIMO-Kapazität

(c) Szenario 2 - Azimutspreizung

(d) Szenario 2 - MIMO-Kapazität

(e) Szenario 3 - Azimutspreizung

(f) Szenario 3 - MIMO-Kapazität

Bild 6.16: Winkelspreizung und MIMO-Kapazität

Bewertungsgröße		Szenario 1		Szenario 2		Szenario 3	
Funkfelddämpfung	$\mu_{F_{D_F,abs}}$	1,64	(4,34)	-0,10	(1,98)	1,55	(3,27)
D_F in dB	$\sigma_{F_{D_F,abs}}$	0,70	(0,57)	1,22	(1,25)	0,74	(0,73)
Impulsverbreiterung	$\mu_{F_{\sigma_\tau,abs}}$	0,64	(1,70)	0,10	(1,23)	-0,70	(1,81)
σ_τ in ns	$\sigma_{F_{\sigma_\tau,abs}}$	0,59	(0,78)	0,54	(0,60)	0,68	(0,66)
Winkelspreizung	$\mu_{F_{\sigma_{\psi_R},abs}}$	7,92	(22,35)	8,68	(19,85)	-2,03	(4,33)
σ_{ψ_R} in Grad	$\sigma_{F_{\sigma_{\psi_R},abs}}$	10,28	(9,00)	7,91	(7,10)	5,06	(5,16)
Kapazität	$\mu_{F_{C_{4x4},abs}}$	0,20	(1,60)	0,30	(1,23)	0,35	(1,99)
C_{4x4} in Bit/s/Hz	$\sigma_{F_{C_{4x4},abs}}$	0,20	(0,15)	0,22	(0,20)	0,20	(0,22)

Tabelle 6.3: Mittelwerte und Standardabweichungen der absoluten Fehler zwischen dem hybriden deterministisch-stochastischen Modell und Messung. In Klammern sind die entsprechenden Werte für das konventionelle Ray-Tracing Modell angegeben.

6.7 Zusammenfassung und Fazit

In diesem Kapitel wurde ein deterministisch-stochastisches Kanalmodell für UWB-Indoor Kanäle vorgestellt. In diesem Modell wird der Ray-Tracing Ansatz mit statistisch verteilten Streuern ergänzt, um diffuse Streuprozesse im Kanal besser nachzubilden. Anders als bei den in der Literatur vorhandenen Ansätzen zur Modellierung von Streuung in Ray-Tracing Modellen werden hier die Streuelemente nur um die Reflexionspunkte verteilt. Damit bilden die reflektierten und gestreuten Pfade, Cluster, d.h. Pfadgruppen, welche aus einer ähnlichen Raumrichtung und mit ähnlicher Laufzeit am Empfänger ankommen. Die Streukoeffizienten der Punktstreuer sind an die Reflexionskoeffizienten des dazugehörigen Reflexionspfades geknüpft. Damit ist sichergestellt, dass die Amplituden der gestreuten Pfade in einem vorgegebenen Verhältnis zu den Amplituden der reflektierten Pfade stehen. Da für die Punktstreuer keine anspruchsvollen Pfadsuchalgorithmen notwendig sind, ist die Simulationszeit im Vergleich zur Simulationszeit von konventionellen Ray-Tracing Modellen nur geringfügig größer.

Die Werte der Modellparameter wurden durch einen Vergleich mit Messungen festgelegt. Der Vergleich der gemessenen und simulierten Kennfunktionen der Frequenz- und Richtungsselektivität zeigt, dass durch die vorgeschlagene hybride Methode eine wesentliche Verbesserung der Vorhersagequalität des Ray-Tracing Modells erreicht werden kann. Sowohl die Kanalimpulsantworten als auch die Leistungswinkelspektren werden durch das hybride Modell realistisch nachgebildet. Die Abweichungen zwischen gemessenen und simulierten Kanalkenngrößen sind beim hybriden Modell wesentlich geringer als beim konventionellen Ray-Tracing Modell. Durch statistische Verteilung der Streuer variieren zwar die simulierten Impulsantworten von Realisation zu Realisation, jedoch sind die dadurch verursachten Unterschiede in den Kanalkenngrößen gering.

Die Implementierung der Punktstreuer im Modell entspricht der Implementierung der Streuer im hybriden Ray-Tracing/FDTD Ansatz. Dadurch können die beiden hybriden Methoden gleichzeitig in den Simulationen verwendet werden.

Damit wurde in dieser Arbeit erstmals ein Modell vorgestellt, das schnell, realistische und an die Geometrie des Szenarios geknüpfte Wellenausbreitungsvorhersagen für UWB-Indoor Kanäle liefern kann. Das Kanalmodell ist sowohl zur Ausbreitungssimulationen für Radar- als auch für Kommunikationssysteme anwendbar.

7 Ermittlung von Design-Kriterien für Antennenarrays in MIMO-UWB-Systemen

Durch Anwendung von Mehrantennentechniken kann die Systemkapazität gesteigert werden, ohne zusätzliche Ressourcen wie Zeit, Frequenz oder Sendeleistung zu beanspruchen. Die Kapazitätsteigerung wird einerseits durch bessere Ausnutzung der Kanaldiversität, anderseits durch räumliches Multiplex erreicht.

Besonders in MB-OFDM Systemen, welche das verfügbare Spektrum in relativ schmale Subbänder aufteilen, können durch den Einsatz von Mehrantennentechniken die verfügbaren Datenraten gesteigert werden. Aber auch bei pulsbasierten UWB-Systemen, welche über einen hohen Grad an Frequenzdiversität verfügen, kann räumliches Multiplex zur Verbesserung der Leistungsfähigkeit eingesetzt werden.

Deshalb wird die Kombination von MIMO und UWB mit zunehmendem Interesse betrachtet. Eine steigende Anzahl an Publikationen zu dem Thema wie z.B. [TS06, AMW09, KZD09, EH09, Kle09, KZ10, Mol10] bestätigt dies.

Da bei UWB die Sendeleistung begrenzt ist, müssen die Übertragungssysteme mit besonderer Sorgfalt entwickelt werden, um die beste Leistungsfähigkeit des Systems bei begrenztem SNR zu erreichen. Dazu gehört z.B. das optimale Design der Sende- und Empfangsantennen. Dazu ist ein genaues, flexibles Kanalmodell notwendig, welches die Einflüsse des Übertragungskanals und der Antennen auf den MIMO-Kanal realistisch nachbilden kann. Hier liegt die Anwendung des im vorherigen Kapitel vorgestellten deterministisch-stochastischen Kanalmodells nahe, da es diese Einflüsse realitätsnah wiedergeben kann.

In diesem Kapitel wird daher die Anwendung dieses Modells zur Ermittlung von optimalen Antennenkonfigurationen für MIMO-UWB-Systeme demonstriert. Für diesen Zweck wird das deterministisch-stochastische Kanalmodell in einen MIMO-UWB-Systemsimulator eingebunden, der im Rahmen dieser Arbeit entstanden ist. Anhand von simulierten Bitfehlerraten werden verschiedene Antennenkonfigurationen am Sender und Empfänger verglichen, um Kriterien für die Auswahl von geeigneten Arrays für hochratige MIMO-UWB-Systeme zu finden.

In den folgenden Abschnitten wird zunächst der MB-OFDM Standard vorgestellt, der die Basis des Systemsimulators darstellt. Anschließend wird das V-BLAST Verfahren für räumliches Multiplex und seine Integration in ein MB-OFDM System beschrieben. Nach dem

Vergleich der aus den Messungen und Simulationen gewonnenen Bitfehlerraten, wird der Systemsimulator angewendet, um die Einflüsse der Position, Polarisation und der Richtcharakteristiken der Antennen auf die Leistungsfähigkeit des MIMO-UWB-Systems zu untersuchen.

7.1 Systemsimulationen eines MIMO-MB-OFDM Systems

Bei der Implementierung des Systemsimulators wird vom MB-OFDM Standard ausgegangen [MOA04, ECM05]. Dieser ist im Moment das einzige kommerziell verwendete Verfahren für hochratige UWB-Kommunikation. Die OFDM-Systeme unterteilen das verfügbare Frequenzband in schmale, frequenzflache Subkanäle [HK06]. Deshalb sind sie gut geeignet, um sie mit MIMO-Techniken, welche für schmalbandige Systeme entwickelt worden sind, zu kombinieren.

7.1.1 MB-OFDM Standard

Der MB-OFDM Verfahren wurde ursprünglich im Jahr 2004 im Rahmen der IEEE 802.15.3a Arbeitsgruppe entwickelt [MOA04] und in 2005 bei Ecma International als Standard eingereicht [ECM05]. Das OFDM-Verfahren wurde dabei gewählt, weil es für frequenzselektive Kanäle gut geeignet ist und eine hohe spektrale Effizienz und Flexibilität bei der Belegung des zugewiesenen Spektrums bietet.

Über die einzelnen Kanäle, sogenannte Subträger, wird die Information parallel übertragen. Dabei überlappen die Spektren der einzelnen Subträger. Um Interferenzen zu vermeiden, sind die Subträger orthogonal zueinander. Damit liegt das Maximum eines Subträgers in den Nullstellen von anderen Subträgern. Die Orthogonalität wird durch die Wahl einer geeigneten Symboldauer T_s erreicht

$$T_s = \frac{1}{\Delta f} \, , \tag{7.1}$$

wobei Δf den Subträgerabstand bezeichnet [HK06]. Das OFDM-Zeitsignal wird durch die inverse Fourier-Transformation der Modulationssymbole gewonnen. Diese wird in der Praxis als schnelle Inverse Fourier-Transformation (IFFT, engl. *Inverse Fast Fourier Transform*) implementiert.

Die Struktur eines MB-OFDM Systems ist in Bild 7.1 dargestellt.

Am Sender werden die Daten (Bits) zunächst verwürfelt und mit einem Faltungscodierer kodiert. In dem MB-OFDM Standard sind mehrere Coderaten für verschiedene Übertragungsgeschwindigkeiten vorgesehen. Danach werden die Daten in Blöcke für die OFDM

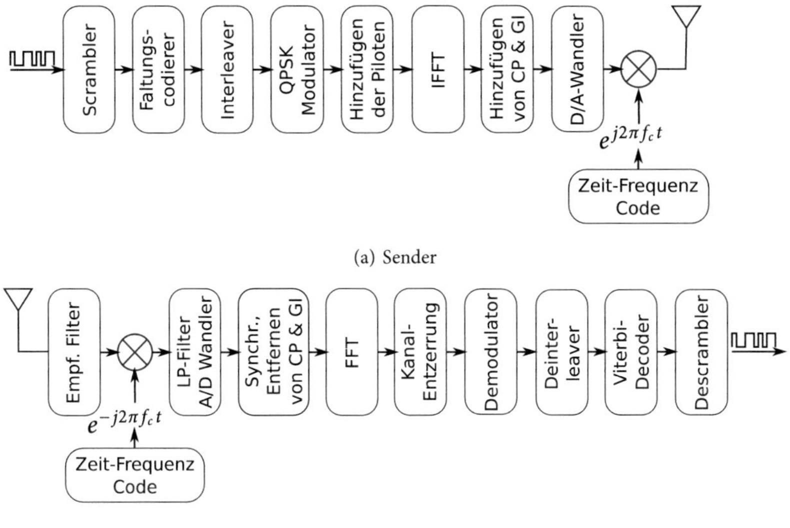

(a) Sender

(b) Empfänger

Bild 7.1: MB-OFDM Übertragungsstrecke

Modulation eingeteilt. Die Größe eines Blocks hängt dabei von der Anzahl der Daten-Subträger und der Modulationsverfahren ab. Im MB-OFDM Standard sind die Modulationsverfahren QPSK und DCM (engl. *Dual Carrier Modulation*) vorgegeben. Im folgenden wird immer von QPSK Modulation ausgegangen. Damit werden jeweils zwei Bit zu einem komplexen Symbol zusammengefasst. Die Anzahl von Daten-Subträgern beträgt 100. Damit werden innerhalb eines OFDM-Symbols 200 Bit übertragen. Mehrere Symbole werden logisch einem Frame zugeordnet. Außer den Nutzdaten beinhaltet ein Frame einen Header mit den Informationen für die Medium Access Control Schicht (MAC) und eine Präambel mit vorgegebenen Symbolen, welche die Kanalschätzung ermöglichen.

Um Burst-Fehler zu vermeiden, wird die Bitreihenfolge innerhalb eines Blocks im Interleaver laut eines vorgegebenen Permutationsmusters umgestellt. Anschließend erfolgt die QPSK Modulation der Bits und das Einfügen von 12 Pilotträgern (engl. *Pilot Tones*) und von 10 Schutzträgern (engl. *Guard Tones*) an den Rändern jedes Subbandes. Mit einer IFFT der Länge 128 wird das OFDM-Symbol in den Zeitbereich transformiert. Daraus ergibt sich eine Symboldauer von 242,4 ns. Im nächsten Schritt wird ein zyklisches Präfix (CP, engl. *cyclic prefix*) mit der Länge von 60,6 ns am Anfang des Symbols und ein Guard-Intervall (GI) von 9,5 ns am Ende des Symbols angehängt. Das zyklische Präfix dient dazu die Intersymbolinterferenz zu unterdrücken. Das Guard-Intervall gibt dem Sender und dem Empfänger zusätzliche Zeit um die Übertragungsfrequenz für das nächste Symbol einzustellen. Damit ergibt sich die gesamte Symboldauer von 312,5 ns.

Schließlich wird das digitale Signal in ein analoges Signal umgewandelt, in das richtige Band hochgemischt und abgestrahlt. Im Gegensatz zu herkömmlichen OFDM-Verfahren wird beim MB-OFDM das Subband laut eines Frequenz-Hopping Musters nach jedem Symbol gewechselt. Typischerweise werden dabei drei Subbänder einer Bandgruppe (vgl. Absatz 2.2.2) verwendet. Dies dient der besseren Ausnutzung der Frequenzdiversität und kann zur Trennung verschiedener Nutzer bzw. Netzwerke eingesetzt werden.

Da immer nur ein Subband innerhalb der Gruppe verwendet wird, ergibt sich für das MB-OFDM System eine brutto Bitrate von 640 Mbit/s pro Bandgruppe. Der MB-OFDM Standard definiert verschiedene Coderaten zwischen 1/3 und 3/4 sowie Spreizverfahren im Zeit- und Frequenzbereich, die bei schlechter Kanalqualität eingesetzt werden können [MOA04, ECM05]. Damit können Nettobitraten von 55 Mbit/s bis zu 480 Mbit/s realisiert werden.

Im Empfänger wird das Signal zuerst gefiltert, verstärkt und zurück in das Basisband gemischt. Nach der Synchronisation wird der zyklische Präfix und das Guard-Intervall wieder entfernt. Über FFT wird das Signal wieder in den Frequenzbereich transformiert. Anhand der Informationen in der Frame-Präambel wird eine Kanalschätzung durchgeführt, welche zur Kanalentzerrung verwendet wird. Nach der Entfernung von Pilotzellen und Schutzträgern werden im Demodulator die Symbole auf Bitfolgen abgebildet. Danach wird im Deinterleaver die richtige Bitreihenfolge wiederhergestellt. Schließlich werden im Decoder und Descrambler die ursprünglichen Daten bestimmt.

7.1.2 V-BLAST Verfahren

Das V-BLAST (engl. *Vertical Bell Labs Space-Time Architecture*) Verfahren ermöglicht das Übertragen mehrerer unabhängiger Datenströme in einem MIMO-System ohne Kanalkenntnis am Sender [WFGV98]. Die Struktur eines V-BLAST Systems ist in Bild 7.2 dargestellt.

Am Sender werden die modulierten Symbole $\underline{x}_1, \underline{x}_2, \ldots \underline{x}_N$ ohne weitere Verarbeitung an die einzelnen Sendeantennen verteilt. Unter Annahme eines frequenzunabhängigen Kanals wird an jedem Empfänger eine Überlagerung der Signale aller Sendeantennen empfangen.

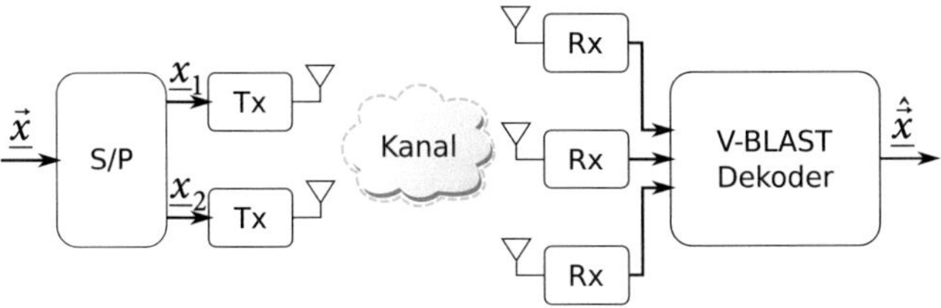

Bild 7.2: V-BLAST Architektur

Die Ausgangssignale $\underline{y}$ werden durch folgendes lineares Gleichungssystem beschrieben:

$$
\begin{aligned}
\underline{y}_1 &= \underline{h}_{11}\underline{x}_1 + \underline{h}_{12}\underline{x}_2 + \ldots + \underline{h}_{1N} + \underline{n}_1 \\
\underline{y}_2 &= \underline{h}_{21}\underline{x}_1 + \underline{h}_{22}\underline{x}_2 + \ldots + \underline{h}_{2N} + \underline{n}_2 \\
&\;\;\vdots \\
\underline{y}_M &= \underline{h}_{M1}\underline{x}_1 + \underline{h}_{M2}\underline{x}_2 + \ldots + \underline{h}_{MN} + \underline{n}_M
\end{aligned}
\tag{7.2}
$$

Zur Vereinfachung wird dieses System in Matrixform ausgedrückt:

$$
\vec{\underline{y}} = \underline{\mathbf{H}} \cdot \vec{\underline{x}} + \vec{\underline{n}}
\tag{7.3}
$$

Um die Eingangsdaten aus den Empfangssignalen zu dekodieren, ist die Kenntnis des Kanals $\underline{\mathbf{H}}$ notwendig, welche aus der Kanalschätzung am Empfänger resultiert. Zur Lösung dieses Gleichungssystems können unterschiedliche Verfahren angewendet werden [TV05]. Im einfachsten Fall werden die Ausgangsignale mit einer Pseudoinversen der Kanalmatrix multipliziert, was als Zero-Forcing Dekoder bekannt ist:

$$
\vec{\hat{\underline{x}}} = (\underline{\mathbf{H}}^{\dagger}\underline{\mathbf{H}})^{-1}\underline{\mathbf{H}}^{\dagger} \cdot \vec{\underline{y}}
\tag{7.4}
$$

Da bei der Matrixinversion das Rauschen verstärkt wird, ist diese Methode nur für hohes SNR geeignet. Ein weitere Methode, das sog. Minimum Mean-Squared Error Verfahren (MMSE), berücksichtigt auch das Rauschen bei der Schätzung:

$$
\vec{\hat{\underline{x}}} = (\underline{\mathbf{H}}^{\dagger}\underline{\mathbf{H}} + \sigma^2 \mathbf{I})^{-1}\underline{\mathbf{H}}^{\dagger} \cdot \vec{\underline{x}}
\tag{7.5}
$$

In der Praxis wird oft die Zero-Forcing Methode oder die Minimum Mean-Squared Error Methode in Kombination mit der mit Interferenzunterdrückung (engl. *Interference Cancellation*) angewendet. Dabei wird das erste dekodierte Symbol mit entsprechenden Kanalkoeffizienten multipliziert und das Ergebnis wird von den Ausgangssignalen subtrahiert. Die resultierenden Ausgangssignale werden dann zur Detektion des weiteren Symbols verwendet.

Die besten Ergebnisse können mit der Maximum-Likelihood Methode erreicht werden:

$$\hat{\underline{x}} = \operatorname{argmin}(|\vec{y} - \underline{\mathbf{H}}\hat{\underline{x}}|^2) \qquad (7.6)$$

Diese Methode erfordert allerdings eine direkte Suche über alle möglichen Kombinationen der gesendeten Symbole und ist dadurch aufwändig. Besonders für größere Arrays ist der damit verbundene Aufwand nicht mehr tragbar.

Da für das V-BLAST Verfahren nicht frequenzselektive Kanäle vorausgesetzt sind, ist die Bandbreite solcher Systeme begrenzt. Da in OFDM Systemen die gesamte Bandbreite in mehrere schmalbandige und frequenzflache Kanäle geteilt wird, ist eine Kombination von V-BLAST und OFDM denkbar, welche eine Übertragung von sehr hohen Datenraten ermöglicht. Eine solche Struktur ist im folgenden Absatz vorgestellt.

7.1.3 Kombination von MIMO und MB-OFDM

Das statistische Kanalmodell in [IEE03] gibt Impulsverbreiterungen von bis zu 25 ns vor, daraus ergibt sich im ungünstigsten Fall eine Korrelationsbandbreite von 40 MHz. In den in dieser Arbeit untersuchten Szenarien sind die Impulsverbreiterungen noch geringer (vgl. Absatz 4.5). Da im MB-OFDM Standard der Abstand zwischen den Unterträgern 4,125 MHz beträgt und damit wesentlich kleiner ist als die Korrelationsbandbreite, können die Kanäle der einzelnen Träger als nicht frequenzselektiv betrachtet werden. In den Indoorszenarien kann man auch in guter Näherung von zeitinvarianten Kanälen ausgehen, wodurch die Zuverlässigkeit der OFDM Übertragung und der Kanalschätzung steigt. Damit sind die besten Voraussetzungen zur Verwendung von MIMO-OFDM Systemen gegeben.

In Bild 7.3 ist das Prinzip eines MIMO-MB-OFDM Systems mit Verwendung der V-BLAST Technik für räumliches Multiplex mit zwei Antennen dargestellt [AMW09, JPSZ10]. Am Sender wird der modulierte Datenstrom auf beide Sendeeinheiten verteilt. Für jeden Datenstrom erfolgt eine unabhängige OFDM Verarbeitung - die Zuordnung der Daten zu den Unterträgern, Einsetzen der Pilotträger, IFFT und Einfügen des zyklischen Präfixes und Guard Intervalls. Am Empfänger werden das Präfix und das Schutzintervall wieder entfernt, und das Symbol über eine FFT in den Frequenzbereich transformiert. Mit Hilfe der Pilotzellen wird der Kanal geschätzt und anschließend werden die einzelnen Unterträger aus allen Antennen zusammengeführt und mit V-BLAST dekodiert. Dabei muss der V-BLAST Dekoder parallel für alle Datensubträger realisert sein.

7.1.4 Systemmodell

Das im vorherigen Absatz beschriebene Modell wird im Folgenden zur Systemsimulation eines MIMO-MB-OFDM Systems für hochratige Kommunikationssysteme verwendet. Dabei werden Scrambler, Kodierer und Interleaver nicht berücksichtigt.

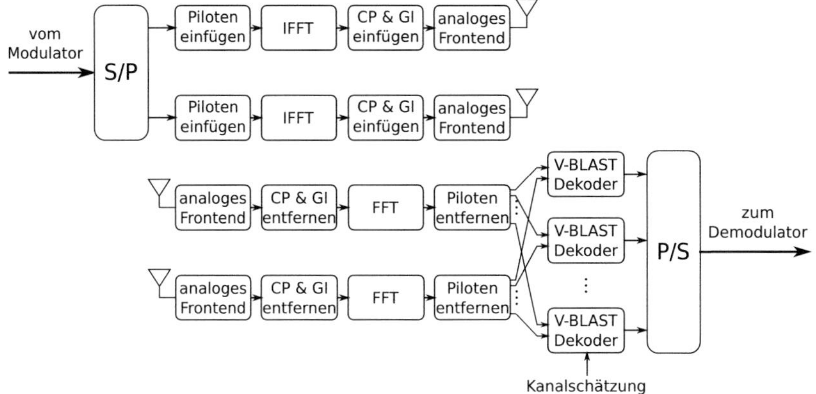

Bild 7.3: MIMO-MB-OFDM Übertragungsstrecke

Das analoge Frontend wird hier als ideal angenommen. In wirklichen Systemen ergeben sich durch Anwendung von nichtidealen Komponenten zusätzliche Fehler, z.B. durch Kopplung zwischen den Antennen, welche die Leistungsfähigkeit des Systems beeinträchtigen und zu höheren Bitfehlerwahrscheinlichkeiten führen. Diese Effekte werden genauer in [Kuh06] untersucht. Weiterhin werden eine perfekte Synchronisation und Kanalschätzung sowie eine ideale Leistungsregelung (engl. *Automatic Gain Control*) vorausgesetzt. Dadurch ist die OFDM Übertragung äquivalent zur Übertragung einzelner QPSK Symbole über viele parallele schmalbandige Kanäle. Ferner ist die Symboldauer viel länger als die längsten in den betrachteten Szenarien auftretenden Mehrwegepfade. Hierdurch kann angenommen werden, dass keine Intersymbolinterferenz auftritt. Damit kann der simulierte Funkkanal in das Systemmodell im Frequenzbereich eingebunden werden. Jeder Subträger erfährt dabei die Dämpfung und Phasenänderung des Kanals bei der entsprechenden Subträgerfrequenz.

Die Systemsimulationen werden im Folgenden für die Bandgruppe 1 (3168–4752 MHz), welche die niedrigsten verfügbaren Frequenzen in den USA beinhaltet (vgl. Bild 2.1), und Bandgruppe 3 (6336–7920 MHz), welche die unterste verfügbare Bandgruppe in Europa ist, durchgeführt. Es wird jeweils eine Frequenzhoppingsequenz angewendet, welche die 3 Subbänder innerhalb der Gruppe nacheinander belegt. Daraus ergibt sich für die Gruppe 1 die Subbandsequenz 1-2-3 und für die Gruppe 3: 7-8-9. Für die 3 OFDM Symbole, welche innerhalb eines Frames von 937,5 ns geschickt werden, wird eine Kanalrealisierung verwendet. Jede

Kanalrealisierung entspricht dabei einer Simulation eines $M \times N$ Arrays in einem der in den vorherigen Kapiteln beschriebenen Szenarien.

7.1.5 Anwendbarkeit des hybriden Modells zur Systemsimulation

Um die Eignung des hybriden Modells für die Systemsimulationen zu überprüfen, werden zunächst die Bitfehlerraten eines 2×2 Systems anhand von gemessenen und simulierten Daten ermittelt. Dafür werden aus den in Kapitel 4 beschriebenen synthetischen Arrays in jedem der drei in Absatz 4.4 vorgestellten Szenarien 1600 Kombinationen von 2 Sende- und 2 Empfangsantennen jeweils im Abstand von 6 cm voneinander gewählt. Pro Position und Sendeantenne werden 3 OFDM-Symbole mit jeweils 200 Bits, übertragen. Damit werden in der Simulation insgesamt 5.760.000 Bits betrachtet.

Den gemessenen und simulierten Kanalmatrizen wird eine entsprechende Rauschleistung überlagert, um verschiedene SNR-Werte zu bekommen. Dabei ist der simulierte SNR Bereich von oben durch den in den Messungen vorhandenen Rauschpegel begrenzt. Weil über die 2 Antennen unabhängige Datenströme übertragen werden, ist die Datenrate des betrachteten Systems gegenüber der Rate eines MB-OFDM Systems verdoppelt.

In Bild 7.4 sind die Bitfehlerraten für gemessene und mit dem konventionellen Ray-Tracing Modell sowie dem im Kapitel 6 vorgestellten hybriden deterministisch-stochastischen Kanalmodell simulierte Kanalimpulsantworten bei Maximum Likelihood und Zero-Forcing Detektion dargetellt.

Weil alle anderen V-BLAST Detektionsmethoden besser als Zero-Forcing und schlechter als Maximum-Likelihood sind, begrenzen diese beiden Detektionsarten den Leistungsfähigkeitsbereich eines V-BLAST Systems von unten und von oben. Da hier ein ideales Frontend und eine ideale Leistungsregelung vorausgesetzt werden, liefern die Bitfehlerratenkurven eine Aussage über die Korrelation der beiden Datenströme. Je weniger korreliert der MIMO-Kanal ist, desto besser können die beiden Symbole am Empfänger bestimmt werden.

Dem Bild kann entnommen werden, dass das konventionelle Ray-Tracing Modell höhere Bitfehlerraten als die Messung liefert. Bei dem ML-Dekoder und einer BER von 10^{-2} liegt der Unterschied bei ca. 3 dB in der ersten Bandgruppe und bei 4 dB in der dritten. Das deutet auf eine zu hohe Korrelation der Kanalübertragungsfunktionen zwischen den einzelnen Antennen hin. Im Gegensatz dazu, ist die Übereinstimmung der BER-Kurven der hybriden Simulation mit den BER-Kurven der gemessenen Daten hervorragend. Dieses Ergebnis zeigt, dass das in dieser Arbeit vorgeschlagene Modell sehr gut die Eigenschaften von ultrabreitbandigen, richtungsaufgelösten Kanälen wiedergibt. Da das Modell auch akzeptable Rechenzeiten bietet, ist es gut geeignet, um verschiedene Antennenkonfigurationen zu testen.

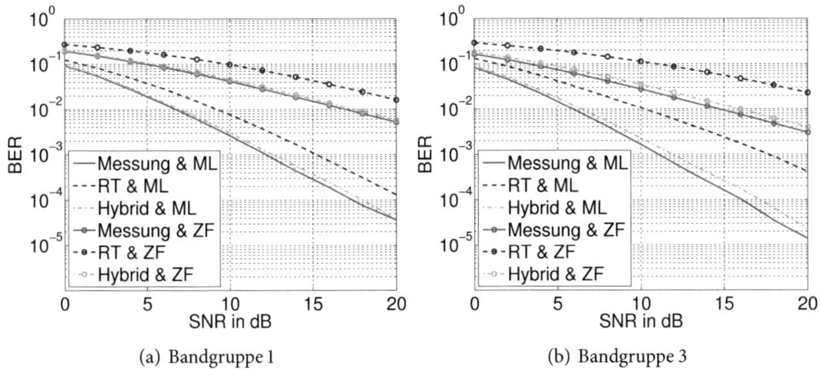

(a) Bandgruppe 1   (b) Bandgruppe 3

Bild 7.4: BER eines 2×2 V-BLAST-MB-OFDM Systems mit Maximum Likelihood (ML) und Zero-Forcing (ZF) Detektion für gemessene und simulierte Kanalimpulsantworten in der Bandgruppen 1 und 3

7.2 Ermittlung der optimalen Arraykonfigurationen

Das im vorherigen Absatz vorgestellte Systemmodell wird im Folgenden eingesetzt, um die optimale Antennenkonfiguration für ein MIMO-MB-OFDM System zu ermitteln. Dazu werden folgende Untersuchungen durchgeführt:

- Um das MIMO-Systemmodell so einfach wie möglich zu halten, wird im ersten Schritt die Anzahl der Freiheitsgrade (NDF, engl. *Number of Degrees of Freedom*) des Kanals untersucht. Sie liefern eine Aussage darüber, wieviele unabhängige Datenströme im Kanal realisierbar sind. Diese Information wird verwendet, um eine plausible Anzahl an Antennen in dem Systemmodell zu bestimmen.

- Anschließend wird der SNR-Bereich bestimmt, welcher für UWB-Indoor Kommuni-kationssysteme relevant ist.

- Schließlich wird der Einfluss der Arraylänge, der Arrayorientierung und der Anten-nenrichtcharakteristiken auf die Bitfehlerraten aufgezeigt.

Der MIMO-Kanal inklusive Antennen wird für diese Untersuchung aus den Simulationen mit dem hybriden stochastisch-deterministischen Kanalmodell gewonnen. Dabei werden dual-polarisierte Vivaldi- und dual-polarisierte omnidirektionale Antennen [Ada10] ver-wendet. Diese Antennen sind für das gesamte FCC-UWB Spektrum geeignet. Da sie in planarer Technik ausgeführt sind, haben sie geringe Abmessungen, Gewicht und Herstellungskosten. Damit wäre der Einsatz dieser Antennen in kommerziellen Systemen denkbar. Die Richtcharakteristiken der beiden Antennen sind in Anhang A.1 zu finden.

Im Folgenden werden nur Punkte mit Sichtverbindung zwischen dem Sender und dem Empfänger berücksichtigt. Bei den hier betrachteten Kurzstreckeverbindungen sind solche Szenarien vorwiegend zu erwarten. In jedem der drei betrachteten Räume (vgl. Bild 4.5) wird ein Sendearray in der Mitte der längeren Wand auf einer Höhe von 1,5 m platziert. Der Abstand des Sendearrays zur Wand beträgt 20 cm. Die Positionen der Empfängerarrays sind in der xy-Ebene gleichverteilt. Es werden sowohl vertikal als auch horizontal orientierte Arrays betrachtet. Bei den horizontal orientierten Arrays ist die Drehung der Arrays in der xy-Ebene zufällig mit einer Gleichverteilung generiert. Es werden pro Raum 500 Empfängerpositionen simuliert. Genauso wie im vorherigen Abschnitt werden hier für jede Position und Sendeantenne 3 OFDM-Symbole übertragen. Damit werden in folgenden Simulationen jeweils 1.800.000 Bits betrachtet.

7.2.1 Anzahl der Antennen

Die Fähigkeit der MIMO-Systeme, mehrere unabhängige Datenströme zu erzeugen, hängt von der Struktur des Kanals und des Signal-zu-Rauschverhältnisses ab. Um die im Kanal vorhandenen räumlichen Freiheitsgrade auszunutzen, ist ein ausreichendes SNR am Empfänger notwendig. Da die UWB-Regulierung die maximale Sendeleistung begrenzt und die Funkfelddämpfung generell mit der Frequenz zunimmt, stellt sich die Frage, inwieweit räumliches Multiplex in UWB-Systemen zur Steigerung der Kapazität ausgenutzt werden kann. Deshalb wird zuerst die Anzahl der Freiheitsgrade des Kanals in den hier betrachteten Szenarien untersucht. Diese Analyse wird anhand von MIMO-Kapazitäten durchgeführt. Bei diesen Simulationen werden sende- und empfangsseitig fiktive isotrope, frequenzunabhängige, vertikal polarisierte Antennen eingesetzt.

Die Anzahl der möglichen Subkanäle ist prinzipiell vom Verhältnis der Arraylänge zur Wellenlänge abhängig [TV05, Pon10]. Die Anzahl der Freiheitsgrade einer MIMO-Matrix, welche gleich der Anzahl der möglichen Subkanäle ist, ist durch

$$N_{sc} \leq \min(M, N, 2L_{Tx}, 2L_{Rx}) \tag{7.7}$$

gegeben. Dabei ist $L_{Tx/Rx}$ die Länge des Arrays, bezogen auf die Wellenlänge. Für UWB-Systeme resultiert daraus, dass die maximale Anzahl der Subkanäle über die gesamte genutzte Bandbreite variieren kann. Die Bänder bei höheren Frequenzen verfügen über eine größere Anzahl an Freiheitsgraden als die Bänder bei niedrigeren Frequenzen. Weil gleichzeitig aber das Signal-zu-Rauschverhältnis mit der Frequenz abnimmt, ist es schwieriger, diese zusätzlichen Freiheitsgrade zu nutzen.

Die effektivste Ausnutzung des Kanals ist möglich wenn Kanalkenntnis am Sender vorhanden ist. In einem solchen Fall können Arraygewichtungen berechnet werden, welche den Kanal diagonalisieren. Die Gewichtungsmatrizen können aus der Singulärwertzerlegung der Kanalmatrix $\underline{\mathbf{H}}$ berechnet werden:

$$\underline{\mathbf{H}}(f) = \underline{\mathbf{U}}(f)\mathbf{D}(f)\underline{\mathbf{V}}(f)^{\dagger} \tag{7.8}$$

Die Matrix $\mathbf{D}$ ist diagonal und die Quadrate ihrer Werte entsprechen den Eigenwerten λ_{k} der Kanalmatrix $\underline{\mathbf{H}}$, welche als Dämpfungen der einzelnen Subkanäle interpretiert werden können. Die Gewichtungsmatrizen $\underline{\mathbf{U}}$ und $\underline{\mathbf{V}}$ sind quadratisch und unitär. Dadurch sind ihre Spalten zueinander orthogonal. Durch Gewichtung der Arrays mit den Spalten von $\underline{\mathbf{U}}$ und $\underline{\mathbf{V}}$ können orthogonale Gruppenfaktoren erzeugt werden, welche die Kanalmatrix diagonalisieren. Die Kanalkapazität kann dann als Summe der Kapazitäten der einzelnen Subkanäle (vgl. Absatz 3.3.2) berechnet werden [TV05]. Im Folgenden wird eine gleichmäßige Verteilung der Leistung auf die Subkanäle angenommen. Der Vorteil dieser Verteilung für UWB-Systeme ist, dass es den zusätzlichen Arraygewinn ausgleicht, so dass die Spektralmaske nicht verletzt wird.

Typischerweise werden die Kanalmatrizen bei der Kapazitätberechnung auf ein konstantes SNR normiert [Wal04, Füg09]. Eine so normierte Kanalmatrix entspricht einem System mit idealer Leistungsregelung am Sender. Dadurch wird der Einfluss des langsamen Schwundes in der Kapazitätberechnung vernachlässigt. Da in dieser Arbeit das Systemverhalten bei dem in den Szenarien vorhandenen SNR von Interesse ist, wird für die folgende Analyse eine feste Sendeleistung P_{T} und eine feste Rauschleistung P_{N} angenommen.

Die FCC Regulierung lässt eine EIRP Leistungsdichte von -41.3 dBm/MHz zu [FCC02]. Das Spektrum eines OFDM-Symbols ist rechteckig und füllt damit die vorgegebene Spektralmaske beinahe ideal. Daher ergibt sich unter der Annahme von isotropen Antennen die maximale erlaubte Sendeleistung P_{T} von -14,07 dBm pro Subband. Der Rauschpegel am Empfänger setzt sich aus dem thermischen Rauschen und Rauschen der Eingangsstufe zusammen. In dem MB-OFDM Standard wird die Rauschzahl der Eingangsstufe N_{F} von 6,6 dB und ein Implementierungsverlust IL von 3,4 dB angenommen. Die Rauschleistung am Eingang wird als

$$P_{\mathrm{N}}[\mathrm{dB}] = kTB[\mathrm{dB}] + N_{\mathrm{F}}[\mathrm{dB}] + IL[\mathrm{dB}] \tag{7.9}$$

berechnet [SPPW07, CRFF10]. Dabei steht k für die Boltzmannkonstante, T für die Temperatur und B für die Bandbreite. Es wird dabei Zimmertemperatur ($T = 290\,\mathrm{K}$) angenommen. Damit ergibt sich die Rauschleistung zu $P_{\mathrm{N}} = -76,8\,\mathrm{dBm}$. In Bild 7.5 sind für $M = N = 5$ Arrayelemente mit den Längen 10 cm und 30 cm die kumulativ aufsummierten mittleren Kapazitäten der einzelnen Subkanäle für die Subbänder aus den Gruppen 1 und 3 dargestellt.

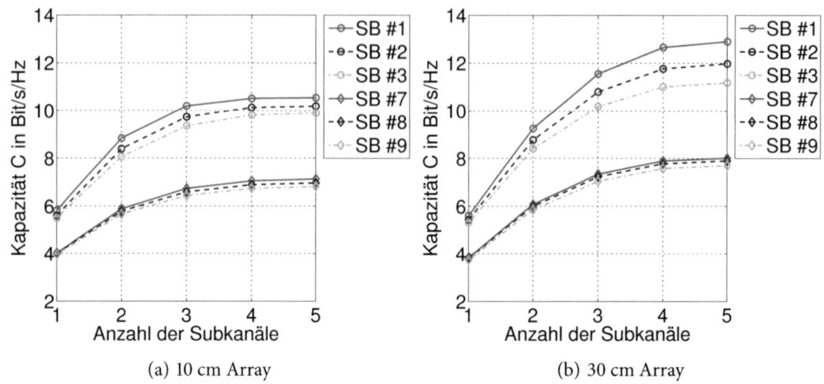

(a) 10 cm Array   (b) 30 cm Array

Bild 7.5: Kumulative Summe der Kapazitäten der einzelnen Subkanäle in Subbändern (SB)
1–3 und 7–9

Aus den Kurven lässt sich schließen, dass das größte Potenzial zur Anwendung von Raummultiplex in niedrigeren Frequenzbändern vorhanden ist, was am höheren Signal-zu-Rausch-
verhältnis liegt. Für beide Arraylängen lässt sich ein zusätzlicher Gewinn bei der Verwendung des zweiten Subkanals beobachten. Bei dem kürzeren Array ist damit die maximale
Kapazität beinahe erreicht. Bei dem längeren Array ist der Einfluss des drittes Kanals größer und bei niedrigeren Frequenzen können bis zu 4 Subkanäle aufgebaut werden.

Daraus kann geschlossen werden, dass in den betrachteten Szenarien in den meisten Fällen
höchstens 2 bis 3 unkorrelierte Subkanäle aufgebaut werden können. Daher wird für weitere
Untersuchungen ein 2×2 V-BLAST MB-OFDM System angenommen.

7.2.2 Bestimmung des relevanten SNR-Bereiches

Im ersten Schritt wird der SNR-Bereich untersucht, welchen die UWB-Systeme in den hier
betrachteten Szenarien vorfinden. Der Wert der Rauschleistung $P_N = -76,8$ dBm ist gleich
wie im vorherigen Absatz. Es wird hier allerdings eine reale ultrabreitbandige omnidirektionale Antenne eingesetzt (vgl. Anhang A.1). Da diese Antenne einen Gewinn von bis zu
3 dB in den beiden betrachteten Frequenzbändern aufweist, wird die im vorherigen Absatz
bestimmte Sendeleistung von $P_T = -14,07$ dBm um den Wert des maximalen Antennenge-
winns in jeder Bandgruppe reduziert, um eine Verletzung der Spektralmaske zu vermeiden.

Das SNR wird für jede Empfängerposition mit Hilfe von

$$\text{SNR} = \frac{P_\text{T}}{P_\text{N}}\text{tr}(\underline{\mathbf{H}}\underline{\mathbf{H}}^\dagger) \tag{7.10}$$

berechnet [PNG03], wobei tr($\cdot$) die Spur einer Matrix kennzeichnet. Bild 7.6 zeigt die Verteilung der SNR-Werte über der Entfernung zwischen Sender und Empfänger.

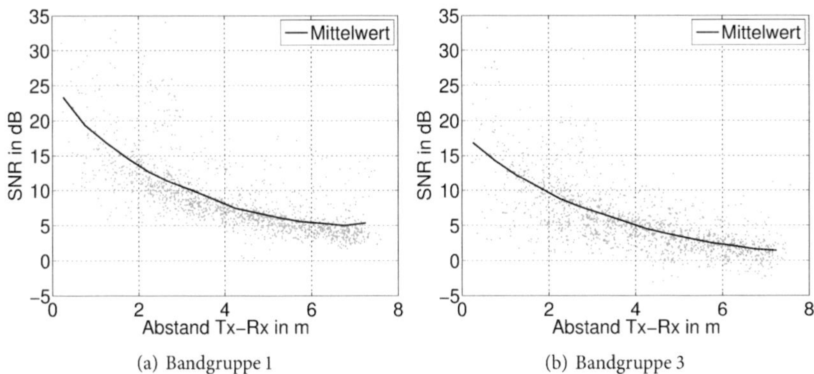

(a) Bandgruppe 1   (b) Bandgruppe 3

Bild 7.6: SNR in einem 2×2 V-BLAST-MB-OFDM System in Abhängigkeit des Abstands zwischen Sender und Empfänger

Das mittlere SNR fällt in der ersten Bandgruppe von ungefähr 20 dB bei 1 m Abstand auf 5 dB bei 6 m Abstand, wobei vereinzelt auch niedrigere SNR-Werte vorkommen. In der Bandgruppe 3 sind die SNR-Werte im Mittel um 5 dB niedriger. Daraus ist sichtbar, dass ein Indoor-UWB-System in einem SNR-Bereich von bis zu 20 dB arbeiten wird, wenn keine weiteren Maßnahmen zur Steigerung des SNR getroffen werden. Zu solchen Maßnahmen zählen Diversitätstechniken wie z.B. *Maximum Ratio Combining* (MRC) oder Anwendung von direktiven Antennen am Empfänger. Durch MRC mit 4 Empfängern ist in UWB-Indoor-Szenarien ein zusätzlicher Gewinn von bis zu 6 dB erreichbar [SPPW07]. Durch Einsetzen von direktiven Vivaldi-Antennen am Empfänger wäre ein SNR-Gewinn von ca. 4 dB realisierbar, vorausgesetzt, dass die Antennen auf den Sender ausgerichtet bleiben.

7.2.3 Arraylänge und Ausrichtung

Aus den in Absatz 7.2.1 gezeigten Kapazitätsverläufen ist deutlich sichtbar, dass die Kanalkapazität mit der Arraylänge steigt. Dies liegt daran, dass eine bessere räumliche Auflösung des Arrays möglich ist. Zusätzlich ist zu erwarten, dass bei größeren Antennenabständen die Korrelation der beiden Subkanäle sinkt. Um dies näher zu untersuchen, werden die Bitfehlerraten bei horizontal orientierten Arrays berechnet. Die Abstände zwischen den Antenen im Sende- und Empfangsarray d werden zu 10, 20, 30 und 50 cm gesetzt. Die Sende und Empfangsarrays bestehen jeweils aus zwei vertikal polarisierten omnidirektionalen Antennen. Bild 7.7 zeigt die BER-Kurven für ein 2×2 System mit einem Zero-Forcing Dekoder (7.4).

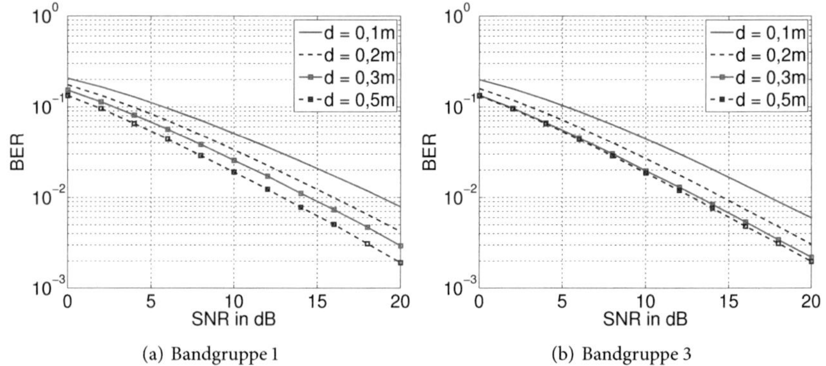

(a) Bandgruppe 1   (b) Bandgruppe 3

Bild 7.7: Bitfehlerraten eines 2×2 V-BLAST-MB-OFDM Systems mit Zero-Forcing Detektion und omnidirektionalen Antennen bei unterschiedlichen Arraylängen

Wie erwartet, sinkt mit zunehmendem Antennenabstand die Bitfehlerwahrscheinlichkeit. Ein solches Verhalten ist ebenfalls für schmalbandige Outdoor Kanäle in [Pon10] festgestellt worden. Bei höheren Frequenzen sind die Bitfehlerraten prinzipiell besser. Das SNR bei einer BER von 10^{-2} ist um ca. 1 dB höher im höheren Band. Die Verlängerung des Arrays von 0,1 auf 0,2 m bringt einen SNR-Gewinn von 3 dB und die Verlängerung des Arrays auf 0,3 m bringt weitere 1,4 dB in den beiden Frequenzbändern. Im höheren Frequenzband ist der Unterschied zwischen den BERs für $d = 0,3$ m und $d = 0,5$ m sehr gering. Daraus lässt sich schließen, dass ab diesen Abstand der Multiplexgewinn optimal ausgenutzt wird.

In Bild 7.8 sind die Ergebnisse für vertikal ausgerichtete Arrays (V) mit den Ergebnissen für horizontal ausgerichteten Arrays (H) bei Antennenabständen von 0,1 und 0,3 m verglichen. Der Unterschied ist für $d = 0,1$ m gering und nur bei hohen SNR Werten sichtbar, was auf einen zusätzlichen Multiplex-Gewinn hinweist. Die vertikale Orientierung bietet bei einer BER von 10^{-2} eine Verbesserung von ca. 1 dB in der ersten Bandgruppe und von 0,6 dB in der

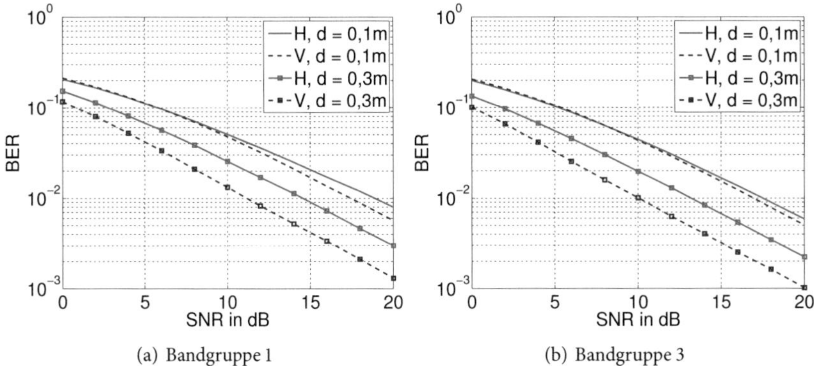

(a) Bandgruppe 1   (b) Bandgruppe 3

Bild 7.8: Bitfehlerraten eines 2×2 V-BLAST-MB-OFDM Systems mit Zero-Forcing Detektion und omnidirektionalen Antennen für horizontal und vertikal ausgerichteten Arrays

dritten Bandgruppe. Bei einem Abstand von 30 cm ist eine Verbesserung von 3 dB bzw. 4 dB in der ersten, bzw. dritten Bandgruppe zu beobachten. In [Pon10] wird festgestellt das vertikal ausgerichtete Arrays zwar insgesamt weniger Freiheitsgrade besitzen, diese Freiheitsgrade aber schneller ausgenutzt werden. Dies stimmt mit dem hier beobachteten Verhalten überein.

7.2.4 Richtcharakteristik der Antennen

Zum Schluss wird der Einfluss der Antennenrichtcharakteristik auf das System ausgewertet. In Bild 7.9 werden die Bitfehlerraten für die omnidirektionale und die Vivaldi-Antenne miteinander verglichen. Alle Antennen sind dabei vertikal polarisiert. Es werden Antennenabstände von $d = 0,1$ m und $d = 0,3$ m betrachtet.

Den BER-Kurven kann entnommen werden, dass der Einfluss der Richtcharakteristik relativ gering ist. Im ersten Band liegen die Unterschiede im SNR bei einer BER von 10^{-2} unter 0,5 dB und im höheren Band bei ca. 1,4 dB. Dabei schneidet die direktive Antenne geringfügig schlechter ab als die omnidirektionale Antenne. Dies ist unabhängig vom Antennenabstand d. Hierbei ist zu beachten, dass die direktiven Antennen im Szenario nicht optimal ausgerichtet sind. D.h. die Einfalls- und Ausfallsrichtungen der Mehrwegebeiträge werden bei der Platzierung der Antennen nicht berücksichtigt. In [Pon10] wurde gezeigt, dass durch den Einsatz von auf den Kanal angepassten direktiven Antennen die Kapazität

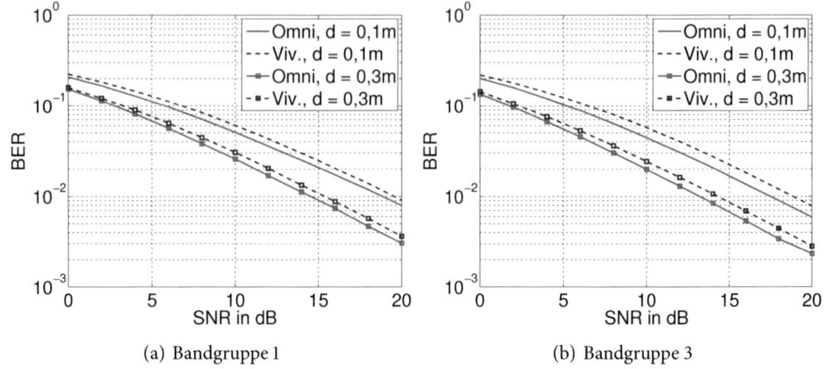

(a) Bandgruppe 1   (b) Bandgruppe 3

Bild 7.9: Bitfehlerraten eines 2×2 V-BLAST-MB-OFDM Systems mit Zero-Forcing Detektion für omnidirektionale Antenne (Omni) und Vivaldi-Antenne (Viv.)

eines MIMO-Systems gesteigert werden kann. Fehlt diese Anpassung, tritt wie in dem hier betrachteten Szenario eine Reduzierung der Leistungsfähigkeit des Systems auf.

7.3 Zusammenfassung und Fazit

In diesem Kapitel wurde das hybride deterministisch-stochastische Kanalmodell in einem MIMO-MB-OFDM Systemsimulator eingesetzt. Der Simulator wurde anschließend verwendet, um Designkriterien für Antennenarrays für UWB-Mehrantennenübertragungssysteme abzuleiten. Es wurde gezeigt, dass das hybride Modell hervorragend dazu geeignet ist, da es eine gute Übereinstimmung mit Messungen liefert.

In dieser Arbeit wurde ein besonderes Augenmerk auf die Steigerung der Bitraten durch die Anwendung von räumlichen Multiplextechniken gelegt. Dafür wurde ein V-BLAST-MB-OFDM Systemmodell mit 2 Antennen am Sender und 2 Antennen am Empfänger erstellt. Ein solcher Ansatz ermöglicht eine Verdopplung der von MB-OFDM erreichbaren Bitraten. Dabei kommen hier wegen der begrenzten Sendeleistung nur kleine Entfernungen bei einer Sichtverbindung zwischen Sender und Empfänger in Frage.

Die simulierten Bitfehlerraten zeigen, dass auch bei Sichtverbindung der UWB Kanal dank der großen Anzahl an Mehrwegebeiträgen genug Potenzial für Raummultiplex bietet. Um das optimal auszunutzen, müssen optimale Arraykonfigurationen gefunden werden, welche die Leistungsfähigkeit des Systems steigern. Anhand der Simulationen mit realistischen

UWB Antennen lassen sich folgende Richtlinien zu den in MIMO-UWB-Systemen angewendeten Arrays formulieren:

- Durch Platzierung der Antennen in einem entsprechend großen Abstand kann die Leistungsfähigkeit des Systems deutlich gesteigert werden.

- Vertikale Ausrichtung des Arrays ist besser als horizontale, wobei der SNR-Gewinn für größere Antennenabstände höher ist.

- Ist keine Ausrichtung der Sende- und Empfangsantennen aufeinander möglich, liefern omnidirektionale Antennen geringfügig bessere Ergebnisse.

Zudem wird in der Literatur gezeigt, dass eine weitere Verbesserung der MIMO-Übertragung durch die Anwendung von unterschiedlich polarisierten Antennen erreicht werden kann [Wal04, EH09, Pon10].

8 Zusammenfassung und Schlussfolgerungen

Die funkbasierten Kommunikations-, Lokalisierungs- und Radarsysteme gewinnen in letzter Zeit kontinuierlich an Bedeutung. Gleichzeitig steigen die Anforderungen an diese Systeme. Bei Kommunikationssystemen werden immer höhere Datenraten erwartet, bei Radar- oder Lokalisierungssystemen nehmen die Anforderungen an die Genauigkeit zu.

Die Ultrabreitband Technik wird als Lösung für alle diese Anwendungen angesehen. Die enorme zur Verfügung stehende Bandbreite ermöglicht die Realisierung von Datenraten, welche mit konventionellen schmal- und breitbandigen Systemen nicht erreicht werden können. Ferner können dadurch sehr kurze Pulse realisiert werden, welche eine genaue Lokalisierung und eine hohe Auflösung bei Radarsystemen ermöglichen.

Um diese große Bandbreite noch effektiver auszunutzen, werden ausgefeilte Algorithmen und optimierte Analoge-Frontends benötigt. Zum Beispiel ist zur weiteren Steigerung der erreichbaren Datenraten, eine Kombination von UWB-Systemen mit Mehrantennensystemen unumgänglich, da letztere eine sehr hohe spektrale Effizienz ermöglichen. Um solche neuartigen Ansätze schon in der Entwicklungsphase zu testen und zu optimieren, sind genaue Kanalmodelle notwendig. Die momentan verfügbaren statistischen Kanalmodelle für UWB decken die Richtungsselektivität des Kanals nicht ab. Die vorhandenen Ray-Tracing Modelle weichen in Bezug auf die Kanaleigenschaften speziell in UWB-Indoor Szenarien stark von Messungen ab. Diese Abweichungen wurden in Kapitel 4 aufgezeigt und quantifiziert. Sie entstehen durch die Vernachlässigung von Streuung an kleinen Objekten, rauen Oberflächen und inhomogenen Materialien im Ray-Tracing Modell. Das Ziel dieser Arbeit ist es, ein Kanalmodell zu liefern, welches an die spezifischen Bedürfnisse der UWB-Systeme angepasst ist.

Bei dem Design von Radar- und Lokalisierungssystemen ist es wichtig, dass das Kanalmodell die Geometrie des Szenarios in den Kanalimpulsantworten widerspiegeln kann. Für das Design von Kommunikationssystemen wird eine genaue Abbildung der Statistik der Kanalkenngrößen benötigt. Gleichzeitig soll die Berechnungszeit so gering wie möglich sein. Die strahlenoptischen Modelle sind deterministisch und recheneffektiv. Daher bieten sie einen guten Ausgangspunkt für ein neues, genaueres Kanalmodell und wurden im Rahmen dieser Arbeit um die Modellierung der Streuung erweitert. Dabei wurden zwei hybride Ansätze auf der Basis von konventionellen Ray-Tracing Modell entwickelt: Das hybride Ray-Tracing/FDTD Modell und das hybride deterministisch-stochastische Modell.

Das in Kapitel 5 vorgestellte hybride Ray-Tracing/FDTD Modell ermöglicht die Betrachtung von kleinen Objekten in einem großen, komplexen Szenario. Da die in dem Ray-Tracing Modell eingesetzten asymptotischen Methoden nur für elektrisch große Probleme geeignet sind, kann die Streuung von solchen Objekten mit dem konventionellen Ray-Tracing Modell nicht genau modelliert werden. Deshalb wird die Fernfeldstreuung der kleinen Objekte mit FDTD berechnet. Die dadurch erhaltenen Streukoeffizienten werden einem Punktstreuer im Ray-Tracing Modell zugewiesen und die einzelnen Beiträge zur Kanalimpulsantwort aufsummiert. Diese Methode ist auch geeignet, um inhomogene Szenariodetails in der Simulation zu berücksichtigen. Das hat sich als sehr nützlich bei Simulationen erwiesen, welche zur Optimierung von bildgebenden Verfahren für UWB angewendet werden.

Anderseits ist für Kommunikationsszenarien der Aufwand dieser Methode im Vergleich zum Nutzen sehr hoch. Der Vergleich zwischen Simulation und Messung zeigt, dass die Verbesserung der Simulationsgenauigkeit nur für Ausbreitungspfade mit einer geringen relativen Verzögerung möglich ist. Das ist der Fall, wenn kleine Objekte die Sichtverbindung zwischen Sender und Empfänger blockieren oder sehr nah an der Luftlinie zwischen dem Sender und dem Empfänger liegen. Der gesamte Verlauf der Kanalimpulsantwort wird jedoch nur geringfügig verbessert. Das Problem der großen Abweichungen zwischen gemessenen und simulierten Kanalkenngrößen wird durch diesen Ansatz nicht gelöst.

Der Schwerpunkt des in Kapitel 6 vorgestellten hybriden deterministisch-stochastischen Ansatzes ist, dass es die Wiedergabe der für die Kommunikationssysteme relevanten Kanalparameter verbessert. Dafür wurden die Streuprozesse, die im konventionellen Ray-Tracing Modell nicht berücksichtigt werden, analysiert. Daraus wurde ein einfaches geometrisch-stochastisch Modell entwickelt, welches in Kombination mit dem Ray-Tracing Modell realitätsnahe Kanalfunktionen und Kanalparameter liefert. Die Struktur und die Parameter des stochastischen Teils des Modells sind aus richtungsaufgelösten Messungen abgeleitet. Das resultierende Modell liefert exzellente Übereinstimmung der simulierten und gemessenen Leistungsverzögerungs- und Leistungsazimutspektren und eine erhebliche Verringerung des Fehlers in Bezug auf die Funkfelddämpfung, die Impulsverbreiterung und die Richtungseigenschaften des Kanals.

Um den Einsatz des hybriden deterministisch-stochastischen Modells bei dem Design von neuartigen Kommunikationssystemen zu demonstrieren, wurde es in Kapitel 7 in Systemsimulationen eines 2×2 MIMO-MB-OFDM Systems eingesetzt. Ein solches System ermöglicht die Verdopplung der Datenraten eines konventionellen MB-OFDM Systems. Anhand der Simulationen wurde der Einfluss des Arraydesigns auf die Leistungsfähigkeit des Systems analysiert. Es wurde gezeigt, dass für Entfernungen bis ca. 5 m das Signal-zu-Rauschverhältniss ausreichend ist, um ein solches System einzusetzen. Ein zusätzlicher Gewinn kann durch Vergrößerung des Abstandes zwischen den Antennen erreicht werden, wobei bei einem Abstand von ca. 30 cm beinahe optimale Dekorrelation der beiden Subkanäle erreicht wird. Weiterhin wurde gezeigt, dass vertikal orientierte Arrays bessere Ergebnisse liefern als horizontal orientierte Arrays und dass die Richtcharakteristik der Antenne nur einen geringen Einfluss auf die Leistungsfähigkeit des Systems hat.

Zusammenfassend wurden in dieser Dissertation folgende Schwerpunkte behandelt:

- Ein hybrides Ray-Tracing/FDTD Modell wurde implementiert und anhand von Messungen und FDTD Simulationen verifiziert.

- Ein neuartiges auf Ray-Tracing basiertes hybrides deterministisch-stochastisches Verfahren zur Modellierung von richtungsaufgelösten ultrabreitbandigen Kanälen wurde entwickelt, implementiert und mit Messungen verifiziert.

- Das hybride deterministisch-stochastische Modell wurde in einem 2×2 V-BLAST-MB-OFDM Systemsimulator genutzt, um die Designkriterien für Antennenarrays für hochratige, ultrabreitbandige Kommunikationssysteme abzuleiten.

Damit wurde erstmals ein äußerst realistisches Kanalmodell für frequenz- und richtungsselektive Kanäle bereitgestellt und erfolgreich eingesetzt. Das Modell stellt eine Basis zur Entwicklung und Optimierung von zukünftigen, hocheffizienten Kurzstreckenübertragungssystemen dar. Ferner wurde eine Methodik zur Entwicklung von ultrabreitbandigen Mehrantennensystemen aufgezeigt.

A Anhang

A.1 Beschreibung der Messantennen

Die wichtigsten Kenngrößen der in dieser Arbeit verwendeten Antennen sind in Tabelle A.1 angegeben. Die Richtcharakteristiken sind in den Bildern A.1 – A.4 dargestellt.

	Monokon-Antenne	
	$f_{min} = 3{,}1\,\mathrm{GHz}$	$f_{max} = 10{,}6\,\mathrm{GHz}$
Gewinn in G dBi	2,5	5,0
Halbwertsbreite $\psi_{3\mathrm{dB}}$ in Grad	360	
Halbwertsbreite $\theta_{3\mathrm{dB}}$ in Grad	68	28
8×1 Array aus 4-Ellipsen-Antennen [AJWZ09, Ada10]		
	$f_{min} = 3{,}1\,\mathrm{GHz}$	$f_{max} = 10{,}6\,\mathrm{GHz}$
Gewinn in G dBi	8,2	6,6
Halbwertsbreite $\psi_{3\mathrm{dB}}$ in Grad	22	14
Halbwertsbreite $\theta_{3\mathrm{dB}}$ in Grad	99	98
Dual-polarisierte Vivaldi-Antenne [AZW08]		
	$f_{min} = 3{,}1\,\mathrm{GHz}$	$f_{max} = 10{,}6\,\mathrm{GHz}$
Gewinn in G dBi	4,0	7,3
Halbwertsbreite $\psi_{3\mathrm{dB}}$ in Grad	78	74
Halbwertsbreite $\theta_{3\mathrm{dB}}$ in Grad	156	52
Dual-polarisierte omnidirektionale Antenne [Ada10]		
	$f_{min} = 3{,}1\,\mathrm{GHz}$	$f_{max} = 10{,}6\,\mathrm{GHz}$
Gewinn in G dBi	-0,6	-5,8
Halbwertsbreite $\psi_{3\mathrm{dB}}$ in Grad	116	49
Halbwertsbreite $\theta_{3\mathrm{dB}}$ in Grad	64	28

Tabelle A.1: Eigenschaften der bei den Funkkanalmessungen eingesetzten Antennen

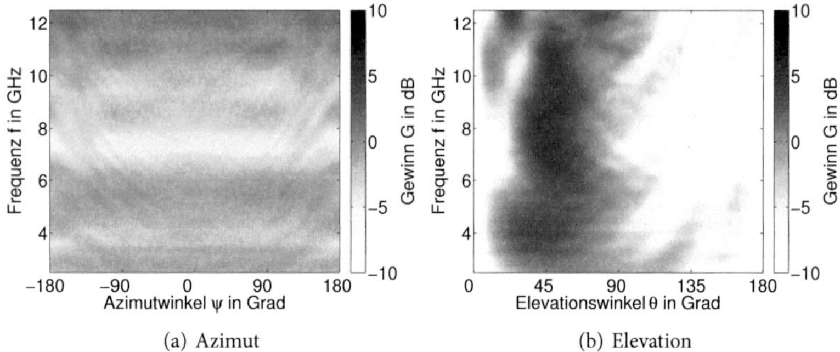

(a) Azimut

(b) Elevation

Bild A.1: Frequenzabhängige Richtcharakteristik der Monokon-Antenne

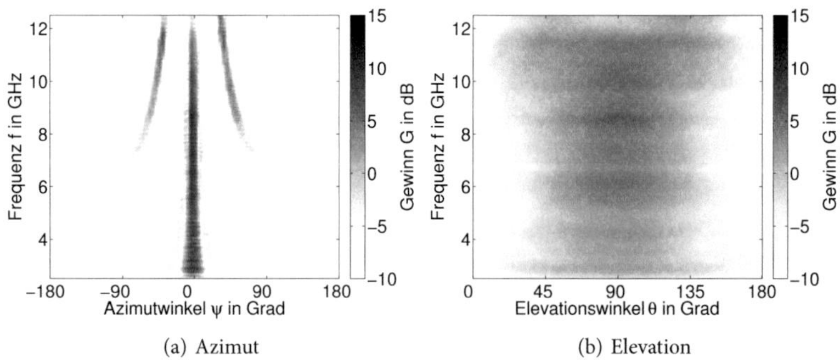

(a) Azimut

(b) Elevation

Bild A.2: Frequenzabhängige Richtcharakteristik des 8×1 Arrays aus 4-Ellipsen-Antennen

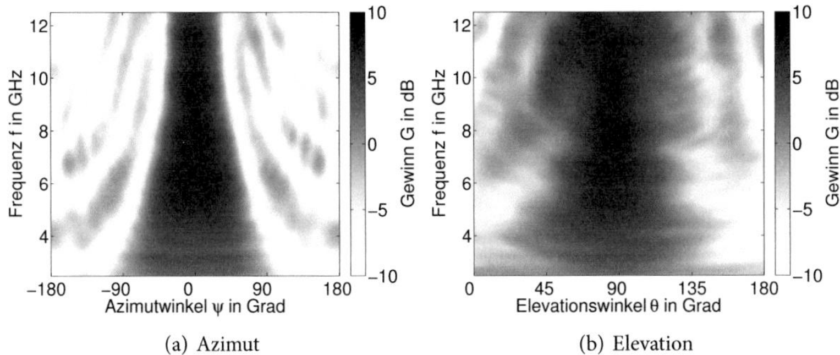

(a) Azimut

(b) Elevation

Bild A.3: Frequenzabhängige Richtcharakteristik der dual-polarisierten Vivaldi-Antenne

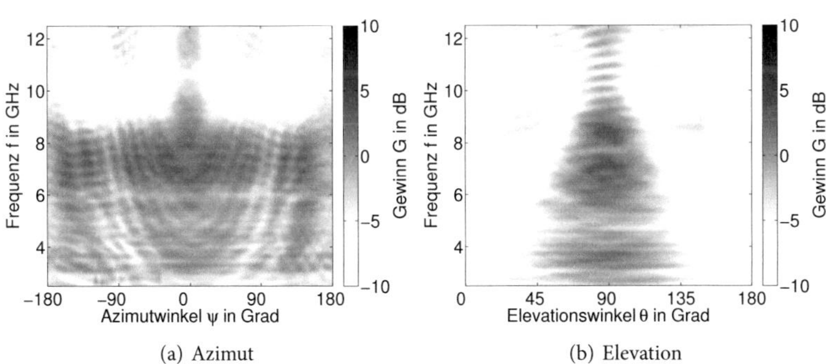

(a) Azimut

(b) Elevation

Bild A.4: Frequenzabhängige Richtcharakteristik der dual-polarisierten omnidirektionalen Antenne

A.2 Materialparameter

In den in Absatz 4.4 beschriebenen Szenarien sind die Objekte einer der in Tabelle A.2 aufgelisteten Materialgruppen zugeordnet. Die elektrischen Eigenschaften der Materialien werden durch ihre Permitivität $\underline{\varepsilon}$ und Permeabilität $\underline{\mu}$ charakterisiert. Die Permittivität ist durch

$$\underline{\varepsilon} = \varepsilon_0 \underline{\varepsilon}_{\mathrm{r}} = \varepsilon_0 \left(\varepsilon_{\mathrm{r}}' - j\varepsilon_{\mathrm{r}}'' \right) = \varepsilon_0 \varepsilon_{\mathrm{r}}' - j\varepsilon_0 \varepsilon_{\mathrm{r}}' \tan \delta_\varepsilon - j\frac{\kappa}{2\pi f} \tag{A.1}$$

beschrieben [Bal89]. Dabei ist $\tan \delta_\varepsilon$ der dielektrische Verlustfaktor und κ die Leitfähigkeit. In [MSJBR03] wird anhand von Messungen gezeigt, dass der Realteil der Permitivität ε' für die meisten der üblichen Baumaterialien im FCC-Band als Frequenzunabhängig angenommen werden kann. In [JEPK06] ist zusätzlich gezeigt, dass sich der Verlustfaktor $\tan \delta_\varepsilon$ für Holz geringfügig über die Frequenz ändert und bei Materialien wie Beton, Glass und Gips weitgehend konstant bleibt. Bei den hier betrachteten Materialien, bis auf Metall, ist die Leitfähigkeit κ vernachlässigbar. Beim Metall ist die Leitfähigkeit dagegen sehr hoch, so dass der Frequenzterm im Nenner des Ausdrucks $\kappa/(2\pi f)$ keinen großen Einfluss auf die Werte der Reflexionsfaktoren hat. Deshalb werden bei den Ray-Tracing Simulationen die relativen komplexen Permittivitäten aller Materialien als konstant angenommen. Die Werte von $\underline{\varepsilon}_{\mathrm{r}}$ sind in der Tabelle A.2 aufgelistet. Die magnetischen Eigenschaften der Materialien werden vernachlässigt. Damit ist die relative Permeabilität $\mu_{\mathrm{r}} = 1$. Verglichen mit der Wellenlänge sind alle Flächen in den gemessenen Szenarien glatt.

Material	$\underline{\varepsilon}_{\mathrm{r}}$	Quelle	Objekte
Beton	$5 - j0,1$	[JEPK06, Did00]	Wände, Decken
Glas	$6 - j0,006$	[JEPK06, Bal89]	Fenster und Vitrinenfronten
Kunststoff	$2,5 - j0,005$	[Mau05, Did00]	Computer, Messgeräte
Holz	$2,5 - j0,005$	[MSJBR03, JEPK06]	Schränke, Regale
Metall	$1 - j10^6$	-	Tischpfosten, Tafelführungen, etc.

Tabelle A.2: Materialparameter

A.3 Wahrscheinlichkeitsverteilungen der Kanalkenngrößen

In Absatz 6.5.3 wird die Abhängigkeit der Kanalkenngrößen von Modellparametern a_{scat} und N_{scat} in Szenario 1 gezeigt. Vollständigkeitshalber sind hier die entsprechenden Vergleiche für die restlichen Modellparameter und Szenarien abgebildet. Alle Modellparameter ausser dem jeweils veränderten Parameter sind auf die Werte des Ausgangpunktes (vgl. Tabelle 6.1, Absatz 6.5.1) gesetzt.

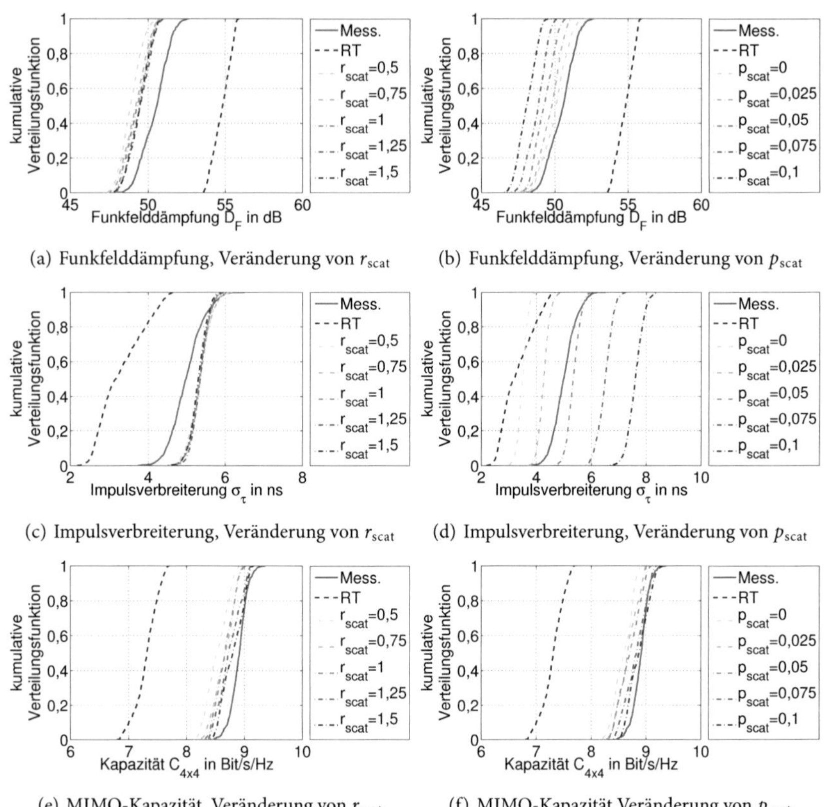

(a) Funkfelddämpfung, Veränderung von r_{scat} (b) Funkfelddämpfung, Veränderung von p_{scat}

(c) Impulsverbreiterung, Veränderung von r_{scat} (d) Impulsverbreiterung, Veränderung von p_{scat}

(e) MIMO-Kapazität, Veränderung von r_{scat} (f) MIMO-Kapazität Veränderung von p_{scat}

Bild A.5: Wahrscheinlichkeitsverteilungen der gemessenen und simulierten Kanalparameter in Abhängigkeit von r_{scat} und p_{scat} in Szenario 1

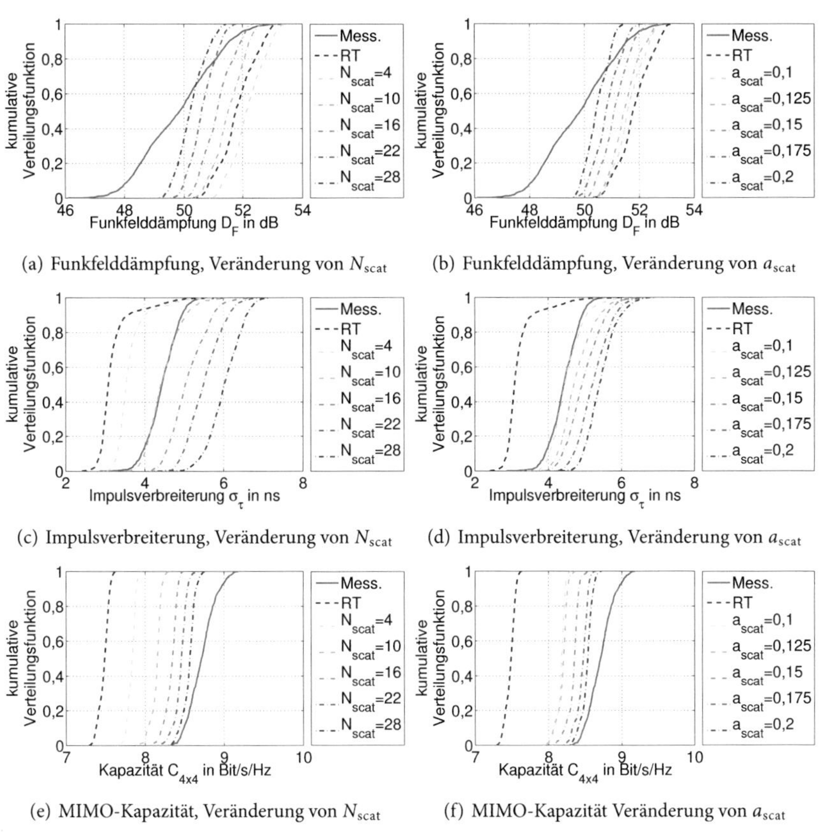

(a) Funkfelddämpfung, Veränderung von N_{scat}

(b) Funkfelddämpfung, Veränderung von a_{scat}

(c) Impulsverbreiterung, Veränderung von N_{scat}

(d) Impulsverbreiterung, Veränderung von a_{scat}

(e) MIMO-Kapazität, Veränderung von N_{scat}

(f) MIMO-Kapazität Veränderung von a_{scat}

Bild A.6: Wahrscheinlichkeitsverteilungen der gemessenen und simulierten Kanalparameter in Abhängigkeit von N_{scat} und a_{scat} in Szenario 2

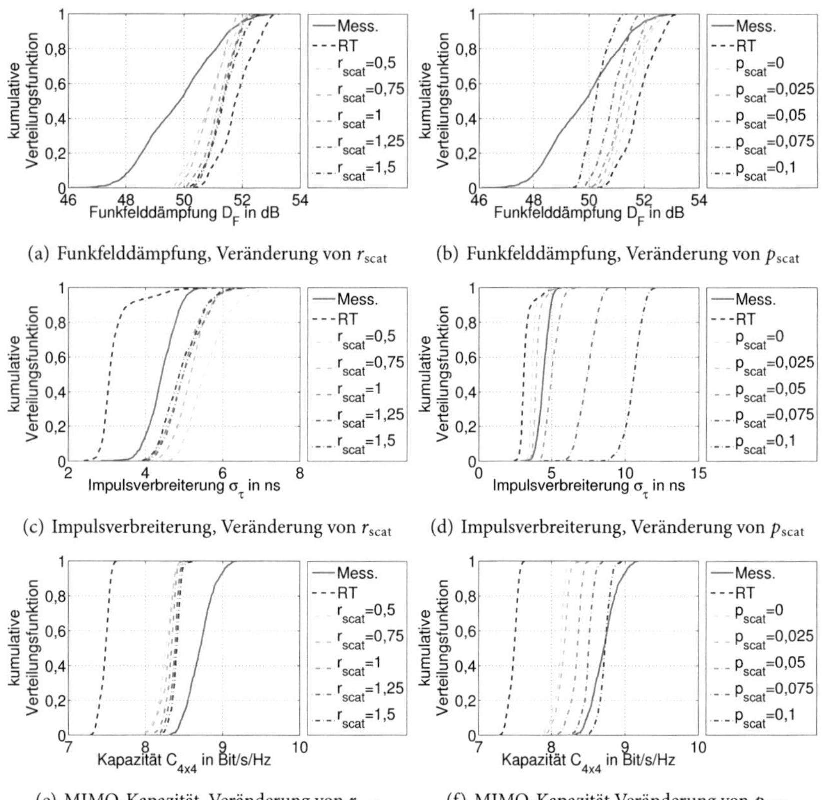

(a) Funkfelddämpfung, Veränderung von r_{scat} (b) Funkfelddämpfung, Veränderung von p_{scat}

(c) Impulsverbreiterung, Veränderung von r_{scat} (d) Impulsverbreiterung, Veränderung von p_{scat}

(e) MIMO-Kapazität, Veränderung von r_{scat} (f) MIMO-Kapazität Veränderung von p_{scat}

Bild A.7: Wahrscheinlichkeitsverteilungen der gemessenen und simulierten Kanalparameter in Abhängigkeit von r_{scat} und p_{scat} in Szenario 2

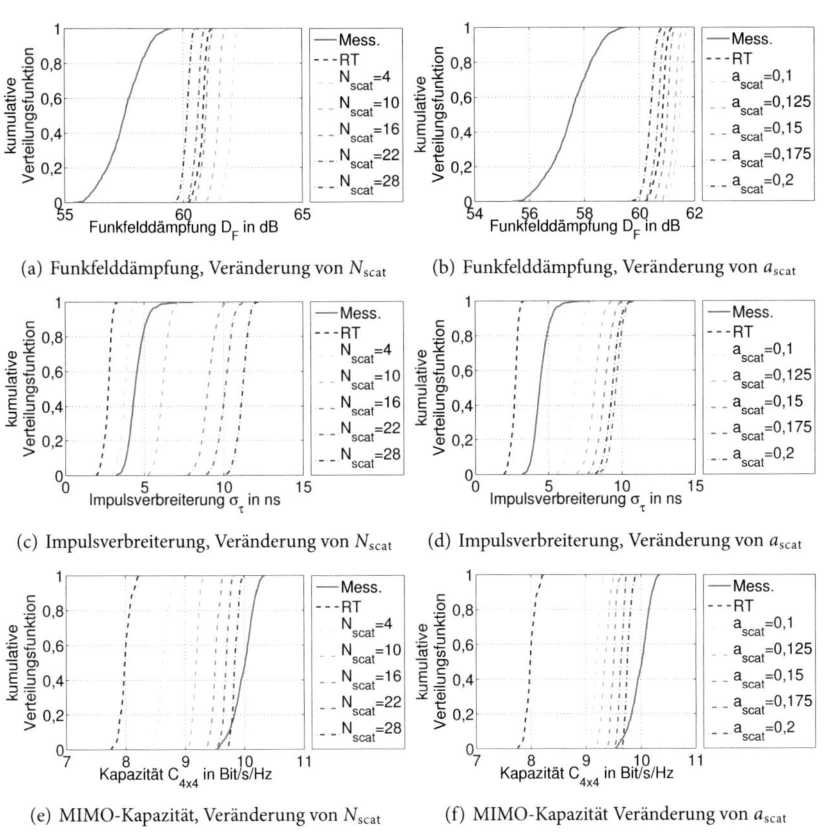

(a) Funkfelddämpfung, Veränderung von N_{scat}

(b) Funkfelddämpfung, Veränderung von a_{scat}

(c) Impulsverbreiterung, Veränderung von N_{scat}

(d) Impulsverbreiterung, Veränderung von a_{scat}

(e) MIMO-Kapazität, Veränderung von N_{scat}

(f) MIMO-Kapazität Veränderung von a_{scat}

Bild A.8: Wahrscheinlichkeitsverteilungen der gemessenen und simulierten Kanalparameter in Abhängigkeit von N_{scat} und a_{scat} in Szenario 3

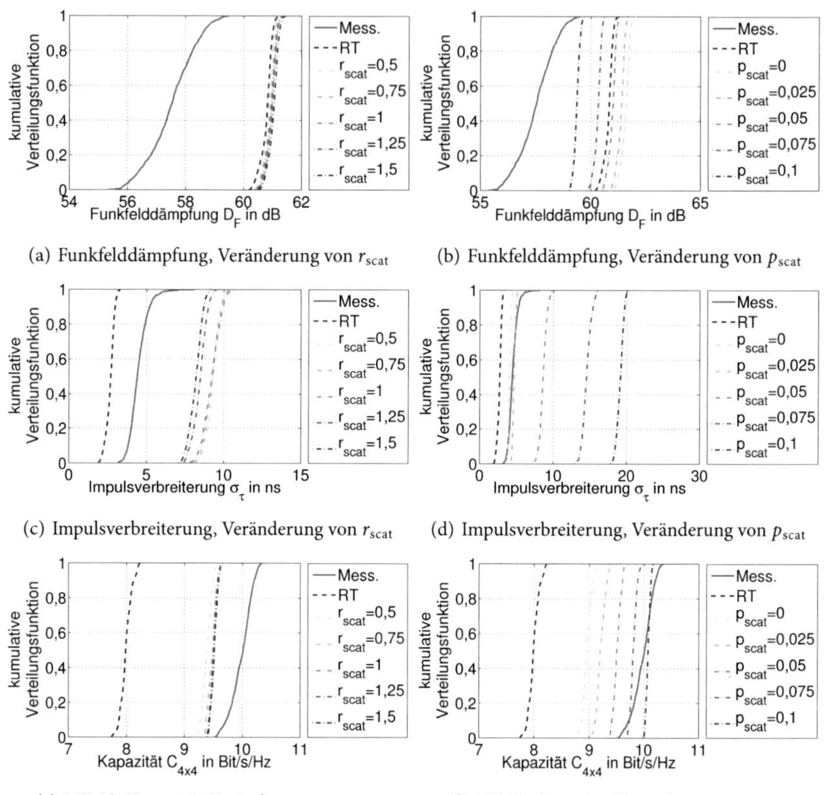

(a) Funkfelddämpfung, Veränderung von r_{scat}

(b) Funkfelddämpfung, Veränderung von p_{scat}

(c) Impulsverbreiterung, Veränderung von r_{scat}

(d) Impulsverbreiterung, Veränderung von p_{scat}

(e) MIMO-Kapazität, Veränderung von r_{scat}

(f) MIMO-Kapazität Veränderung von p_{scat}

Bild A.9: Wahrscheinlichkeitsverteilungen der gemessenen und simulierten Kanalparameter in Abhängigkeit von r_{scat} und p_{scat} in Szenario 3

A.4 Leistungsverzögerungs- und Leistungswinkelspektren für Szenarien 2 und 3

In diesem Absatz sind die gemessenen und die simulierten Leistungsverzögerungs- und Leistungsazimutspektren in den Szenarien 2 und 3 dargestellt. Die Messstrecke ist in Absatz 4.5.2 beschrieben.

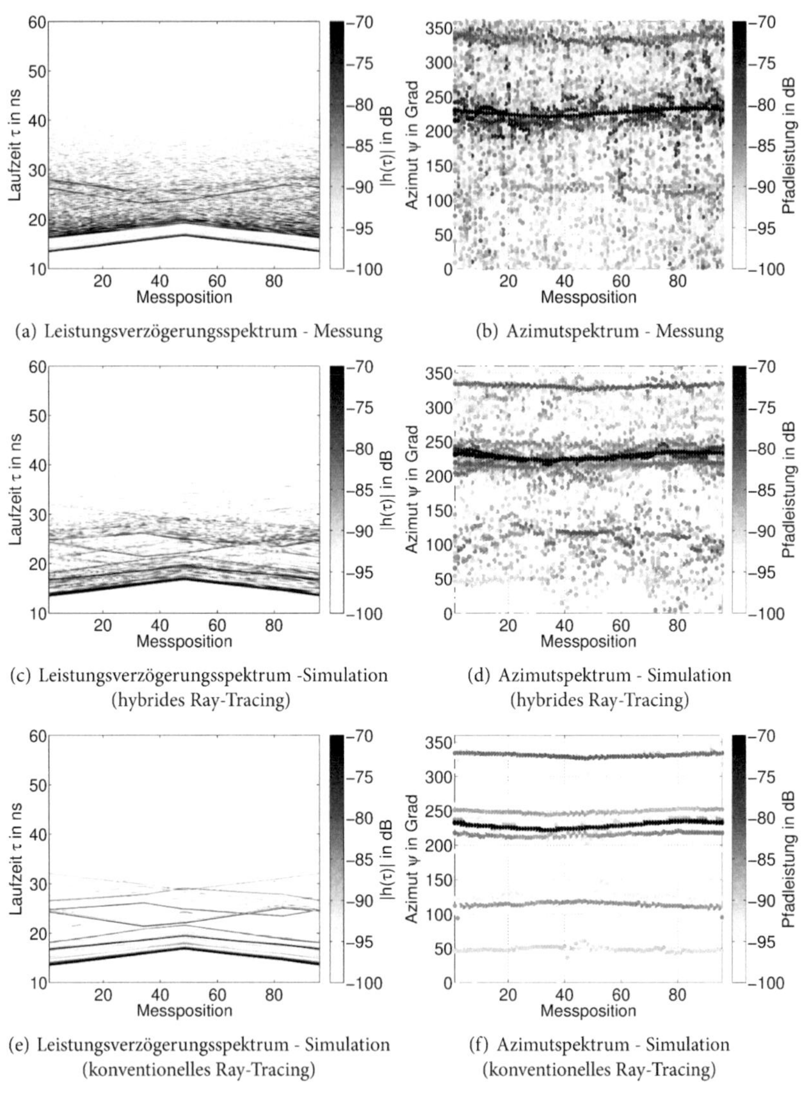

(a) Leistungsverzögerungsspektrum - Messung

(b) Azimutspektrum - Messung

(c) Leistungsverzögerungsspektrum -Simulation (hybrides Ray-Tracing)

(d) Azimutspektrum - Simulation (hybrides Ray-Tracing)

(e) Leistungsverzögerungsspektrum - Simulation (konventionelles Ray-Tracing)

(f) Azimutspektrum - Simulation (konventionelles Ray-Tracing)

Bild A.10: Leistungsverzögerungsspektren und Azimuthspektren für Szenario 2

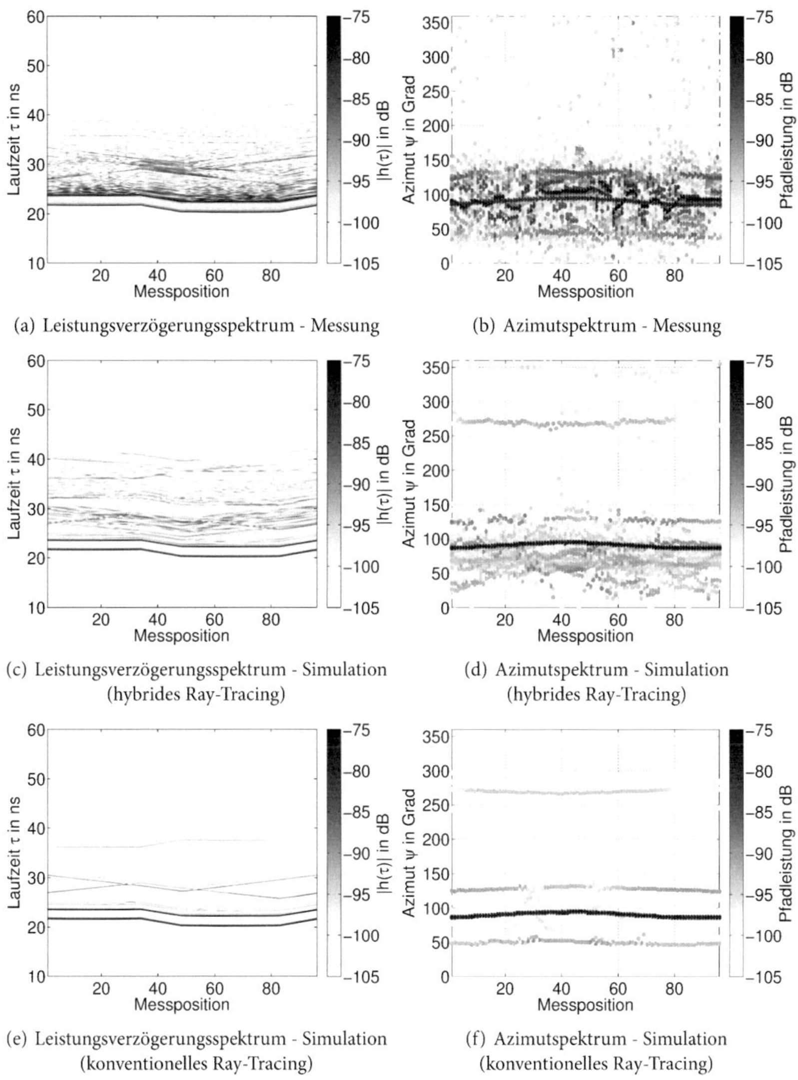

(a) Leistungsverzögerungsspektrum - Messung

(b) Azimutspektrum - Messung

(c) Leistungsverzögerungsspektrum - Simulation (hybrides Ray-Tracing)

(d) Azimutspektrum - Simulation (hybrides Ray-Tracing)

(e) Leistungsverzögerungsspektrum - Simulation (konventionelles Ray-Tracing)

(f) Azimutspektrum - Simulation (konventionelles Ray-Tracing)

Bild A.11: Leistungsverzögerungsspektren und Azimuthspektren für Szenario 3

Literaturverzeichnis

[ACDB06]   H. Arslan, Z. Chen, and M.-G. Di Benedetto. *Ultra Wideband Wireless Communication*. John Wiley & Sons Ltd., 2006.

[Ada10]   G. Adamiuk. *Methoden zur Realisierung von dual-orthogonal, linear polarisierten Antennen für die UWB-Technik*. Dissertation, Karlsruher Forschungsberichte aus dem Institut für Hochfrequenztechnik und Elektronik, 2010.

[AJWZ09]   G. Adamiuk, M. Janson, W. Wiesbeck, and T. Zwick. Dual-Polarized UWB Antenna Array. In *IEEE International Conference on Ultra-Wideband, ICUWB'09*, pages 159–163. Vancouver, Canada, September 2009.

[AMC+09]   O. Akhdar, M. Mouhamadou, D. Carsenat, C. Decroze, and T. Monediere. A New CLEAN Algorithm for Angle of Arrival Denoising. *IEEE Antennas and Wireless Propagation Letters*, 8:478–481, Februar 2009.

[AMW09]   J. Adeane, W. Q. Malik, and I. J. Wassell. Error Performance of Ultrawideband Spatial Multiplexing Systems. *IET Mircowaves, Antennas & Propagation*, 3(3):363–378, März 2009.

[AZW08]   G. Adamiuk, T. Zwick, and W. Wiesbeck. Dual-orthogonal Polarized Vivaldi Antenna for Ultra Wideband Applications. In *Proceedings of the XVII International Conference on Microwaves, Radar and Wireless Communications*, volume 2, pages 282–285. Wroclaw, Poland, Mai 2008.

[Bal89]   C. A. Balanis. *Advanced Engineering Electromagnetics*. John Wiley & Sons, Ltd., 1989.

[BBA+04]   A. Batra, J. Balakrishnan, G. R. Aiello, J. R. Foerster, and A. Dabak. Design of a Multiband OFDM System for Realistic UWB Channel Environments. *IEEE Transactions on Microwave Theory and Techniques*, 52(9):2123–2138, September 2004.

[Bel63]   P. A. Bello. Characterization of Randomly Time-variant Linear Channels. *IEEE Transactions on Communication Systems*, pages 360–393, Dezember 1963.

[Ber94]   J.-P. Berenger. A Perfectly Matched Layer for the Absorbtion of Electromagnetic Waves. *Journal of Computational Physics*, 114:185–200, Oktober 1994.

[Ber96]   J.-P. Berenger.   Perfectly Matched Layer for the FDTD Solution of Wave-Structure Interaction Problems. *IEEE Transactions on Antennas and Propagation*, 44(1):110–117, Januar 1996.

[Cic94]   D. J. Cichon. *Strahlenoptische Modellierung der Wellenausbreitung in urbanen Mikro- und Pikofunkzellen*. Dissertation, Forschungsberichte aus dem Institut für Höchstfrequenztechnik und Elektronik der Universität Karlsruhe, 1994.

[Cra00]   R. J.-M. Cramer. *An Evaluation of Ultra-Wideband Propagation Channels*. PhD thesis, University of Southern California, 2000.

[CRFF10]   E. Cano, A. Rabbachin, D. Fuehrer, and J. Fortuny. On the Evaluation of MB-OFDM UWB Interference Effects on a WiMAX Receiver. *EURASIP Journal on Wireless Communications and Networking*, 2010:1–14, 2010.

[CS96]   R. N. Challa and S. Shamsunder. 3-D Spherical Localization of Multiple non-Gaussian Sources Using Cumulants. In *Proceedings of 8th IEEE Signal Processing Workshop on Statistical Signal and Array Processing*, pages 101–104, Corfu, Greece, Juni 1996.

[CSW02]   R. J.-M. Cramer, R. A. Scholtz, and M. Z. Win. Evaluation of an Ultra-Wide-Band Propagation Channel. *IEEE Transactions on Antennas and Propagation*, 50(5):561–570, Mai 2002.

[Czi07]   N. Czink. *The Random-Cluster Model - A Stochastic MIMO Channel Model for Broadband Communication Systems of the 3rd Generation and Beyond*. Dissertation, Institut für Nachrichtentechnik und Hochfrequenztechnik der Technischen Universität Wien, 2007.

[Dav05]   D. B. Davidson. *Computational Electromagnetics for RF and Microwave Engineering*. Cambridge University Press, 2005.

[DEFVF07]   V. Degli-Esposti, F. Fuschini, E. M. Vitucci, and G. Falciasecca. Measurement and Modelling of Scattering From Buildings. *IEEE Transactions on Antennas and Propagation*, 55(1):143–153, Januar 2007.

[DELP98]   V. Degli-Esposti, G. Lombardi, and C. Passerini.   Measurement and Ray-Tracing Prediction of Indoor Channel Parameters.   *Electronics Letters*, 34(22):2167–2168, Oktober 1998.

[Did00]   D. Didascalou. *Ray Optical Wave Propagation Modelling in Arbitrarily Shaped Tunnels*. Dissertation, Forschungsberichte aus dem Institut für Höchstfrequenztechnik und Elektronik der Universität Karlsruhe, 2000.

[DKM+06]   M.-G. Di Benedetto, T. Kaiser, A. F. Molisch, I. Oppermann, C. Politano, and D. Porcino. *UWB Communication Systems, A Comprehensive Overview*. EURASIP Book Series on Signal Processing and Communications, Hindawi Publishing Corporation, 2006.

[ECC07]   Decision 2007/131/EC on Allowing the Use of the Radio Spectrum for Equipment using Ultra-Wideband Technology in a Harmonised Manner in the Community, Februar 2007.

[ECM05]   Standard ECMA-368: High Rate Ultra Wideband PHY and MAC Standard, 1st edition, Dezember 2005.

[ED09]   A. Elsherbeni and V. Demir. *The Finite Difference Time Domain Method for Electromagnetics with MATLAB® Simulations*. SciTech Publishing, Inc, Raleigh, NC, 2009.

[EH09]   M. S. El-Hadidy. *Realistic UWB MIMO channel model considering analogue aspects and antenna effects*. Dissertation, Institut für Kommunikationstechnik der Universität Hannover, 2009.

[Eis06]   M. Eisenacher. *Optimierung von Ultra-Wideband-Signalen (UWB)*. Dissertation, Forschungsberichte aus dem Institut für Nachrichtentechnik der Universität Karlsruhe, 2006.

[FCC02]   Revision of Part 15 of the Comission's Rules Regarding Ultra Wideband - First Report and Order 02-48, April 2002.

[FFLV01]   F. R. Farrokhi, G. J. Foschini, A. Lozano, and R. A. Valenzuela. Link-Optimal Space-Time Processing with Multiple Transmit and Receive Antennas. *IEEE Communications Letters*, 5(3):85–87, März 2001.

[FG98]   G. J. Foschini and M. J. Gans. On Limits of Wireless Communications in a Fading Environment when Using Multiple Antennas. *Wireless Personal Communications*, 6(3):311–335, März 1998.

[FMKW06]   T. Fügen, J. Maurer, T. Kayser, and W. Wiesbeck. Capability of 3-D Ray Tracing for Defining Parameter Sets for the Specification of Future Mobile Communications Systems. *IEEE Transactions on Antennas and Propagation*, 54(11):3125–3137, November 2006.

[Fos96]   P. R. Foster. The Region of Application in GTD/UTD. In *Third International Conference on Computation in Electromagnetics*, Bath, UK, April 1996.

[FPK+06]   T. Fügen, M. Porebska, S. Knörzer, J. Maurer, and Wiesbeck W. Verification of 3D Ray-Tracing with Measurements in Urban Macrocellular Environments. In *1st European Conference on Antennas and Propagation, EuCAP'06*, Nice, France, November 2006.

[FSB08]   J. Foutz, A. Spanias, and M. K. Banavar. *Narrowband Direction of Arrival Estimation for Antenna Arrays*. Morgan and Claypool Publishers, 2008.

[FTH⁺99]   B. H. Fleury, M. Tschudin, R. Heddergott, D. Dahlhaus, and K. Ingeman Pedersen. Channel Parameter Estimation in Mobile Radio Environments using the SAGE Algorithm. *IEEE Journal on Selected Areas in Communications*, 17(3):434–450, März 1999.

[Füg09]   T. Fügen. *Richtungsaufgelöste Kanalmodellierung und Systemstudien für Mehrantennenensysteme in urbanen Gebieten*. Dissertation, Karlsruher Forschungsberichte aus dem Institut für Hochfrequenztechnik und Elektronik, 2009.

[Gib08]   W. C. Gibson. *The Method of Moments in Electromagnetics*. Chapman & Hall/CRC, 2008.

[Göt10]   D. Götzl. *Untersuchung von ESPRIT-Schätzverfahren in Indoor Funkkanälen*. Studienarbeit, Institut für Hochfrequenztechnik und Elektronik der Karlsruher Institut für Technologie, 2010.

[GW98]   N. Geng and W. Wiesbeck. *Planungsmethoden für die Mobilkommunikation*. Springer, Berlin, 1998.

[HK06]   L. Hanzo and T. Keller. *OFDM and MC-CDMA: a primer*. Wiley-Interscience online books. John Wiley & Sons Ltd., Piscataway, N.J., 2006.

[HN95]   M. Haardt and J. A. Nossek. Unitary ESPRIT: How to Obtain Increased Estimation Accuracy with a Reduced Computational Burden. *IEEE Transactions on Signal Processing*, 43(5):1232–1242, Mai 1995.

[Hög74]   J. A. Högbom. Aperture Synthesis with a Non-Regular Distribution of Interferometer Baselines. *Astronomy and Astrophysics Supplement*, 15:417, Juni 1974.

[HSSS07]   M. Helbig, J. Sachs, U. Schwarz, and M. Schäfer. Ultrabreitband-Sensorik in der medizinischen Diagnostik. In *41. Jahrestagung der Deutschen Gesellschaft für Biomedizinische Technik BMT*, Aachen, Germany, September 2007.

[HT03]   K. Haneda and J.-I. Takada. An Application of SAGE Algorithm for UWB Propagation Channel Estimation. In *IEEE Conference on Ultra Wideband Systems and Technologies*, pages 483–487, Reston, Virginia, USA, November 2003.

[HTK04]   K. Haneda, J.-I. Takada, and T. Kobayashi. Experimental Evaluation of a SAGE Algorithm for Ultra Wideband Channel Sounding in an Anechoic Chamber. In *Joint UWBST/IWUWBS International Workshop on Ultra Wideband Systems, Joint with Conference on Ultrawideband Systems and Technologies*, pages 66–70, Kyoto, Japan, Mai 2004.

[IEE03]   IEEE 802.15 WPAN High Rate Alternative PHY Task Group 3a (TG3a). `http://www.ieee802.org/15/pub/TG3a.html`, 2003.

[IEE07]   IEEE 802.15 WPAN Low Rate Alternative PHY Task Group 4a (TG4a). `http://www.ieee802.org/15/pub/TG4a.html`, 2007.

[JEPK06]   J. Jemai, P. Eggers, G. F. Pedersen, and T. Kürner. On the Applicabilty of Deterministic Modelling to Indoor UWB Channels. In *3rd Workshop on Positioning, Navigation and Communication, WPNC'06*, pages 139–148, Hannover, Germany, März 2006.

[JFZW09a]   M. Janson, T. Fügen, T. Zwick, and W. Wiesbeck. Directional Channel Model for Ultra-Wideband Indoor Applications. In *IEEE International Conference on Ultra-Wideband, ICUWB'09*, pages 235–239. Vancouver, Canada, September 2009.

[JFZW09b]   M. Janson, T. Fügen, T. Zwick, and W. Wiesbeck. Hybrid Channel Model for Ultra-Wideband Indoor Applications. In *COST 2100 TD(09)908*. Vienna, Austria, September 2009.

[JPFZ10]   M. Janson, J. Pontes, T. Fügen, and T. Zwick. A Hybrid Deterministic-Stochastic Propagation Model for Short-Range MIMO-UWB Communication Systems. *Submitted to IEEE Transactions on Antennas and Propagation*, 2010.

[JPSZ10]   M. Janson, J. Pontes, C. Sturm, and T. Zwick. BER Simulations of a UWB Spatial Multiplexing System using an Extended Ray Tracing Approach. *IEEE Antennas and Wireless Propagation Letters*, 9:1096–1098, Dezember 2010.

[JPZW10a]   M. Janson, J. Pontes, T. Zwick, and W. Wiesbeck. Applicability of Deterministic-stochastic Channel Modelling to UWB-MIMO Channels. In *COST 2100 TD(10)11021*. Aalborg, Denmark, Juni 2010.

[JPZW10b]   M. Janson, J. Pontes, T. Zwick, and W. Wiesbeck. Directional Hybrid Channel Model for Ultra-Wideband MIMO Systems. In *4th European Conference on Antennas and Propagation, EuCAP'10*, Barcelona, Spain, April 2010.

[JSS+09]   M. Janson, R. Salman, T. Schultze, I. Willms, T. Zwick, and W. Wiesbeck. Hybrid Ray Tracing/FDTD UWB-Model for Object Recognition. *Frequenz, Journal of RF-Engineering and Telecommunications*, 63:271–220, September/Oktober 2009.

[JZW09]   M. Janson, T. Zwick, and W. Wiesbeck. Performance of Time Domain Migration Influenced by Non-Ideal UWB Antennas. *IEEE Transactions on Antennas and Propagation*, 57(11):3549–3557, November 2009.

[Kat97]   R. Kattenbach. *Charakterisierung zeitvarianter Indoor Funkkanäle anhand ihrer System- und Korrelationfunktionen*. Dissertation, Universität Gesamthochschule Kassel, Fachberichte Elektrotechnik, 1997.

[KL93]   K. S. Kunz and R. J. Luebbers. *The Finite Difference Time Domain Method for Electromagnetics*. CRC Press, Boca Raton, 1993.

[Kle09]   O. Klemp. Considerations for UWB MIMO Antennas with Multimode Pattern Diversity. In *3rd European Conference on Antennas and Propagation, EuCAP'09*, Berlin, Germany, März 2009.

[Kuh06]   C. Kuhnert. *Systemanalyse von Mehrantennen-Frontends (MIMO)*. Dissertation, Forschungsberichte aus dem Institut für Höchstfrequenztechnik und Elektronik der Universität Karlsruhe, 2006.

[KZ10]   T. Kaiser and F. Zheng. *Ultra Wideband Systems with MIMO*. John Wiley & Sons Ltd., 2010.

[KZD09]   T. Kaiser, Y. Zhang, and E. Dimitrov. An Overview of Ultra-Wide-Band Systems with MIMO. *Proceedings of the IEEE*, 97(2):285–312, Februar 2009.

[LG07]   Y. Lostanlen and G. Gougeon. Introduction of Diffuse Scattering to Enhance Ray-Tracing Methods for the Analysis of Deterministic Indoor UWB Radio Channels. In *International Conference on Electromagnetics in Advanced Applications, ICEAA 2007*, pages 903–906, Torino, Italy, September 2007.

[LGBS06]   Y. Lostanlen, G. Gougeon, S. Bories, and A. Sibille. A Deterministic Indoor UWB Space-variant Multipath Radio Channel Modelling Compared to Measurements on Basic Configurations. In *1st European Conference on Antennas and Propagation, EuCAP'06*, Nice, France, November 2006.

[Li09]   X. Li. *Anwendung von dual-orthogonal polarisierten Antennen in UWB-Imaging-Systemen*. Diplomarbeit, Institut für Hochfrequenztechnik und Elektronik, Karlsruher Institut für Technologie, 2009.

[LRAT08]   S. Loredo, A. Rodriguez-Alonso, and R. P. Torres. Indoor MIMO Channel Modeling by Rigorous GO/UTD-Based Ray Tracing. *IEEE Transactions on Vehicular Technology*, 57(2):680–692, März 2008.

[Lue89]   R. J. Luebbers. A Heuristic UTD Slope Diffraction Coefficient for Rough Lossy Wedges. *IEEE Transactions on Antennas and Propagation*, 37(2):206–211, Februar 1989.

[Mau05]   J. Maurer. *Strahlenoptisches Kanalmodell für die Fahrzeug-Fahrzeug Funkkommunikation*. Dissertation, Forschungsberichte aus dem Institut für Höchstfrequenztechnik und Elektronik der Universität Karlsruhe, 2005.

[MCCC+06]   A. F. Molisch, D. Cassioli, C. Chia-Chin, S. Emami, A. Fort, B. Kannan, J. Karedal, J. Kunisch, H. G. Schantz, K. Siwiak, and M. Z. Win. A Comprehensive Standardized Model for Ultrawideband Propagation Channels. *IEEE Transactions on Antennas and Propagation*, 54(11):3151–3166, November 2006.

[MFP03]   A. F. Molisch, J. R. Foerster, and M. Pendergrass. Channel Models for Ultrawideband Personal Area Networks. *IEEE Wireless Communications*, 10(6):14–21, Dezember 2003.

[MFP⁺08]   J. Maurer, T. Fügen, M. Porebska, T. Zwick, and W. Wiesbeck. A Ray-optical Channel Model for Mobile to Mobile Communications. In *COST 2100 TD(08)430*, Wroclaw, Poland, Februar 2008.

[MOA04]   MultiBand OFDM Physical Layer Proposal for IEEE 802.15 Task Group 3a, September 2004.

[Mol05]   A. F. Molisch. Ultrawideband Propagation Channels - Theory, Measurement and Modelling. *IEEE Transactions on Antennas and Propagation*, 54(5):1528–1545, September 2005.

[Mol10]   A. F. Molisch. MIMO-UWB Propagation Channels. In *4th European Conference on Antennas and Propagation, EuCAP'10*, Barcelona, Spain, April 2010.

[MSJBR03]   A. Muqaibel, A. Safaai-Jazi, A. Bayram, and S. M. Riad. Ultra Wideband Material Characterization for Indoor Propagation. In *IEEE Antennas and Propagation Society International Symposium IMS'03*, volume 4, pages 623–626, Juni 2003.

[Nas08]   K. M. Nasr. Hybrid Channel Modelling for Ultra-Wideband Portable Multimedia Applications. *IET Microwaves, Antennas & Propagation*, 2(3):229–235, April 2008.

[OHI04]   I. Oppermann, M. Hämäläinen, and J. Iinatti. *UWB Theory and Applications*. John Wiley & Sons, Ltd., 2004.

[PASW07]   M. Porebska, G. Adamiuk, C. Sturm, and W. Wiesbeck. Accuracy of Algorithms for UWB Localization in NLOS Scenarios Containing Arbitrary Walls. In *2nd European Conference on Antennas and Propagation, EuCAP'07*, Edinburgh, UK, November 2007.

[Pät02]   M. Pätzold. *Mobile Fading Channels*. John Wiley & Sons, Ltd., 2002.

[PKF07]   M. Peter, W. Keusgen, and R. Felbecker. Measurement and Ray-Tracing Simulation of the 60 GHz Indoor Broadband Channel: Model Accuracy and Parametrization. In *2nd European Conference on Antennas and Propagation, EuCAP'07*, Edinburgh, UK, November 2007.

[PKW07]   M. Porebska, T. Kayser, and W. Wiesbeck. Verification of a Hybrid Ray-Tracing/FDTD Model for Indoor Ultra-Wideband Channels. In *European Conference on Wireless Technologies, ECWT'07*, Munich, Germany, Oktober 2007.

[PNG03]   A. Paulraj, R. Nabar, and D. Gore. *Introduction to Space-Time Wireless Communications.* Cambridge University Press, 2003.

[Pon10]   J. Pontes. *Optimized Analysis and Design of multiple element Antennas for Urban Communication.* Dissertation, Karlsruher Forschungsberichte aus dem Institut für Hochfrequenztechnik und Elektronik, 2010.

[Por05]   M. Porebska. *Leistungsbewertung intelligenter Antennensysteme unter EMV Gesichtspunkten.* Diplomarbeit, Institut für Höchstfrequenztechnik und Elektronik der Universität Karlsruhe, 2005.

[QOHDD10] F. Quitin, C. Oestges, F. Horlin, and P. De Doncker. Diffuse Multipath Component Characterization for Indoor MIMO Channels. In *4th European Conference on Antennas and Propagation, EuCAP'10,* Barcelona, Spain, April 2010.

[RC98]   G. G. Rayleigh and J. M. Cioffi. Spatio-Temporal Coding for Wireless Communications. *IEEE Transactions on Communications,* 46(3):357–366, März 1998.

[RCV⁺05]   S. Reynaud, Y. Cocheril, R. Vauzelle, A. Reineix, L. Aveneau, and C. Guiffaut. Influence of an Accurate Environment Description for the Indoor Propagation Channel Modelling. In *European Conference on Wireless Technologies, ECWT'05,* Paris, France, Oktober 2005.

[RCV⁺06]   M. Reynaud, Y. Cocheril, R. Vauzelle, C. Guiffaut, and A. Reineix. Hybrid FDTD/UTD Indoor Channel Modeling. Application to WiFi Transmission Systems. In *64th IEEE Vehicular Technology Conference, VTC-2006 Fall,* Montreal, Canada, September 2006.

[Ree05]   J. H. Reed. *An Introduction to Ultra Wideband Communication Systems.* Communications Engineering and Emerging Technologies Series. Prentice Hall, 2005.

[RG00]   J. A. Roden and S. D. Gedney. Convolutional PML (CPML): An Efficient FDTD Implementation of the CFS-PML for Arbitrary Media. *Microwave and Optical Technology Letters,* 27(5):334–339, Dezember 2000.

[RGRV04]   M. Reynaud, C. Guiffaut, A Reineix, and R Vauzelle. Modeling Indoor Propagation Using an Indirect Hybrid Method Combining the UTD and the FDTD Methods. In *European Conference on Wireless Technologies, ECWT'04,* pages 345–348, Amsterdam, Netherlands, Oktober 2004.

[RHW07]   T. Rautiainen, R. Hoppe, and G. Wölfle. Measurements and 3D Ray Tracing Propagation Predictions of Channel Characteristics in Indoor Environments. In *18th annual IEEE International Symposium on Personal, Indoor and Mobile Radio Communications PIMRC'07,* Athens, Greece, September 2007.

[RK89]   R. Roy and T. Kailath. ESPRIT-Estimation of Signal Parameters via Rotational Invariance Techniques. *IEEE Transactions on Acoustics, Speech and Signal Processing*, 37(7):984–995, Juli 1989.

[RSK06]   A. Richter, J. Salmi, and V. Koivunen. Distributed Scattering in Radio Channels and its Contribution to MIMO Channel Capacity. In *1st European Conference on Antennas and Propagation, EuCAP'06*, Nice, France, November 2006.

[RT07]   Y.-J. Ren and J.-H. Tarng. A Hybrid Spatio-Temporal Model for Radio Propagation in Urban Environment. In *2nd European Conference on Antennas and Propagation, EuCAP'07*, Edinburgh, UK, November 2007.

[RWG97]   K. Rizk, J.-F. Wagen, and F. Gardiol. Two-Dimensional Ray-Tracing Modeling for Propagation Prediction in Microcellular Environments. *IEEE Transactions on Vehicular Technology*, 46(2):508–518, Mai 1997.

[Sch86]   R. Schmidt. Multiple Emitter Location and Signal Parameter Estimation. *IEEE Transactions on Antennas and Propagation*, 34(3):276–280, März 1986.

[Sha48]   C. E. Shannon. A Mathematical Theory of Communications. *AT&T Bell Syst. Technical Journal*, 27:379–423; 623–656, Juli 1948.

[SK04]   S. Sato and T. Kobayashi. Path-Loss Exponents of Ultra Wideband Signals in Line-of-Sight Environments. In *IEEE International Symposium on Spread Spectrum Techniques and Applications, ISSSTA2004*, Sydney, Australia, August/September 2004.

[Sör07]   W. Sörgel. *Charakterisierung von Antennen für die Ultra-Wideband-Technik*. Dissertation, Forschungsberichte aus dem Institut für Höchstfrequenztechnik und Elektronik der Universität Karlsruhe, 2007.

[SPPW07]   C. Sturm, M. Porebska, E. Pancera, and W. Wiesbeck. Multiple Antenna Gain in Ultra-Wideband Indoor Propagation. In *2nd European Conference on Antennas and Propagation, EuCAP'07*, Edinburgh, UK, November 2007.

[SPWW08]   T. Schultze, M. Porebska, W. Wiesbeck, and I. Willms. Onsets on Recognition of Objects and Image Refinement Using UWB Radar. In *German Microwave Conference GeMIC'08*, Hamburg-Harburg, Germany, März 2008.

[SRJJ97]   Q. Spencer, M. Rice, B. Jeffs, and M. Jensen. Indoor Wideband Time/Angle of Arrival Multipath Propagation Results. In *47th IEEE Vehicular Technology Conference*, Phoenix, AZ, USA, Mai 1997.

[SSJ+08]   R. Salman, T. Schultze, M. Janson, W. Wiesbeck, and I. Willms. Robust UWB Radar Object Recognition. In *IEEE International RF and Microwave Conference*, Kuala Lumpur, Malaysia, Dezember 2008.

[SSW09]   T. Schultze, R. Salman, and I. Willms. Microwave Ellipsometry and its Application in Emergency Scenarios. In *14. Internationale Konferenz über Automatische Brandentdeckung, AUBE '09*, Duisburg, Germany, September 2009.

[STS+02]   J. Sachs, R. Thomä, U. Schultheiss, R. Zetik, J. Dvoracek, and M. Wolf. Real-Time Ultra-Wideband Channel Sounder. In *Proceedings of XXVIIth General Assembly URSI*, Maastricht, Netherlands, August 2002.

[SV87]   A. A. M. Saleh and R. A. Valenzuela. A Statistical Model for Indoor Multipath Propagation. *IEEE Journal on Selected Areas in Communications*, 5:128–137, Februar 1987.

[SW10]   R. Salman and I. Willms. In-Wall Object Recognition Based on SAR-like Imaging by UWB Radar. In *8th European Conference on Synthetic Aperture Radar, EUSAR 2010*, Aachen, Germany, Juni 2010.

[SWP+03]   G. A. Schiavone, P. Wahid, R. Palaniappan, J. Tracy, and T. Dere. Analysis of Ultra-Wide Band Signal Propagation in an Indoor Environment. *Microwave and Optical Technology Letters*, 36(1):13–15, Januar 2003.

[Tel99]   I. E. Telatar. Capacity of Multi-antenna Gaussian Channels. *European Transactions on Telecommunications*, 10(6):585–595, November 1999.

[TH05]   A. Taflove and S. C. Hagness. *Computational Electrodynamics: The Finite-Difference Time-Domain Method*. Artech House, 3rd edition, 2005.

[THS+08]   F. Thiel, M. Hein, U. Schwarz, J. Sachs, and F. Seifert. Fusion of Magnetic Resonance Imaging and Ultra-Wideband-Radar for Biomedical Applications. In *IEEE International Conference on Ultra-Wideband, ICUWB'08*, volume 1, pages 97–100, Hannover, Germany, September 2008.

[THS+09]   F. Thiel, M. Hein, U. Schwarz, J. Sachs, and F. Seifert. Combining Magnetic Resonance Imaging and Ultrawideband Radar: A New Concept for Multimodal Biomedical Imaging. *Review of Scientific Instruments*, 80(1):014302–014302–10, Januar 2009.

[THSZ07a]   R. S. Thomä, O. Hirsch, J. Sachs, and R. Zetik. Position Location and Imaging of Objects and Environments. In *4th Workshop on Positioning, Navigation and Communication, WPNC'07*, Hannover, Germany, März 2007.

[THSZ07b]   R. S. Thomä, O. Hirsch, J. Sachs, and R. Zetik. UWB Sensor Networks for Position Location and Imaging of Objects and Environments. In *2nd European Conference on Antennas and Propagation, EuCAP'07*, Edinburgh, UK, November 2007.

[Tim10]   J. Timmermann. *Systemanalyse und Optimierung einer nicht-idealen Ultrabreitband-Übertragung (UWB)*. Dissertation, Karlsruher Forschungsberichte aus dem Institut für Hochfrequenztechnik und Elektronik, 2010.

[TS06]   V. P. Tran and A. Sibille. Spatial Multiplexing in UWB MIMO Communications. *Electronics Letters*, 42(16):931–932, August 2006.

[TV05]   D. Tse and P. Viswanath. *Fundamentals of Wireless Communication*. Cambridge University Press, 2005.

[TWK97]   M. Thumm, W. Wiesbeck, and S. Kern. *Hochfrequenzmeßtechnik*. B.G. Teubner, Stuttgart, 1997.

[TWTW10] R. S. Thomä, I. Willms, J. Thielecke, and W. Wiesbeck. Cooperative Localisation and Object Recognition in Autonomous Sensor Networks. In *Berichtskolloquium zum DFG Schwerpunktprogramm Ultrabreitband-Funktechniken für Kommunikation, Lokalisierung und Sensorik, UKoLoS*, Schloss Reisensburg, Günzburg, März 2010.

[Wal04]   C. Waldschmidt. *Systemtheoretische und experimentelle Charakterisierung integrierbarer Antennenarrays*. Dissertation, Forschungsberichte aus dem Institut für Höchstfrequenztechnik und Elektronik der Universität Karlsruhe, 2004.

[WCSN02] Y. Wang, S. K. Chaudhuri, and S. Safavi-Naeini. An FDTD/Ray-Tracing Analysis Method for Wave Penetration through Inhomogeneous Walls. *IEEE Transactions on Antennas and Propagation*, 50(11):1598–1604, November 2002.

[WFGV98] P. W. Wolniansky, G. J. Foschini, G. D. Golden, and R. A. Valenzuela. V-BLAST: An Architecture for Realizing Very High Data Rates over the Rich-Scattering Wireless Channel. In *Proceedings of URSI International Symposium on Signals Systems and Electronics Conference*, Pisa, Italy, September 1998.

[WFPS06] W. Wiesbeck, T. Fügen, M. Porebska, and W. Sörgel. Channel Characterization and Modelling for MIMO and other Recent Wireless Technologies. In *1st European Conference on Antennas and Propagation, EuCAP'06*, Nice, France, November 2006.

[WSNC00] Y. Wang, S. Safavi-Naeini, and S. K. Chaudhuri. A Hybrid Technique Based on Combining Ray Tracing and FDTD Methods for Site-Specific Modelling of Indoor Radio Wave Propagation. *IEEE Transactions on Antennas and Propagation*, 48(5):743–754, Mai 2000.

[Yee66]   K. S. Yee. Numerical Solution of Initial Boundary Value Problems Involving Maxwell's Equations in Isotropic Media. *IEEE Transactions on Antennas and Propagation*, 14(3):302–307, Mai 1966.

[YS04]   M. Yang and S. Stavrou. Rigorous Coupled-Wave Analysis of Radio Wave Propagation through Periodic Building Structures. *IEEE Antennas and Wireless Propagation Letters*, 3:204–207, 2004.

[YW01]   C.-F. Yang and B.-C. Wu. A Ray-Tracing/PMM Hybrid Approach for Determining Wave Propagation through Periodic Structures. *IEEE Transactions on Vehicular Technology*, 50(3):791–795, Mai 2001.

[ZBME08]   Y. Zhang, A. K. Brown, W. Q. Malik, and D. J. Edwards. High Resolution 3-D Angle of Arrival Determination for Indoor UWB Multipath Propagation. *IEEE Transactions on Wireless Communications*, 7(8):3047–3055, August 2008.

[ZJA⁺10]   L. Zwirello, M. Janson, C. Ascher, U. Schwesinger, G. F. Trommer, and T. Zwick. Localization in Industrial Halls via Ultra-Wideband Signals. In *7th Workshop on Positioning, Navigation and Communication, WPNC'10*, Dresden, Germany, März 2010.

[ZJZ10]   L. Zwirello, M. Janson, and T. Zwick. Ultra-Wideband Based Positioning System for Applications in Industrial Environments. In *European Wireless Technology Conference, EuWIT'10*, Paris, France, September 2010.

[Zwi00]   T. Zwick. *Die Modellierung von richtungsaufgelösten Mehrwegegebäudefunkkanälen durch markierte Poisson-Prozesse*. Dissertation, Forschungsberichte aus dem Institut für Höchstfrequenztechnik und Elektronik der Universität Karlsruhe, 2000.